PAR

L. SAINT-LOUP

Professeur à la Faculté des Sciences de Besançon

OUVRAGE RÉDIGÉ CONFORMÉMENT

aux programmes officiels

POUR L'ENSEIGNEMENT SECONDAIRE SPÉCIAL

(ANNÉE PRÉPARATOIRE)

NOUVELLE ÉDITION

PARIS

LIBRAIRIE HACHETTE ET Cie

79, BOULEVARD SAINT-GERMAIN, 79

GÉOMÉTRIE PLANE

PARIS. — TYPOGRAPHIE LAHURE
Rue de Fleurus, 9

GÉOMÉTRIE PLANE

PAR

L. SAINT-LOUP

Professeur à la Faculté des Sciences de Besançon

OUVRAGE RÉDIGÉ CONFORMÉMENT

aux programmes officiels

POUR L'ENSEIGNEMENT SECONDAIRE SPÉCIAL

(ANNÉE PRÉPARATOIRE)

CINQUIÈME ÉDITION

PARIS

LIBRAIRIE HACHETTE ET Cie

79, BOULEVARD SAINT-GERMAIN, 79

1877

EXTRAIT DES PROGRAMMES OFFICIELS

DE

L'ENSEIGNEMENT SECONDAIRE SPÉCIAL

GÉOMÉTRIE PLANE[1]

(ANNÉE PRÉPARATOIRE.)

Tracé d'une ligne droite sur le papier. — Usage de la règle (6). — Moyen de vérifier si une règle est droite (5). — Mesure d'une ligne droite (8). — Usage du mètre (8). — Tracé d'une ligne droite d'une longueur donnée (11). — Moyen qu'emploient les jardiniers, les terrassiers, les maçons, les charpentiers, etc., pour tracer des lignes droites (12). — Tracé d'une ligne droite sur le terrain : procédé employé dans le lever des plans (13). — Usage de la chaîne d'arpenteur (15).

Cercle et circonférence. — Tracé de la circonférence (16). — Emploi du compas (16). — Deux circonférences de même rayon sont égales (16). — Tracer une circonférence égale à une circonférence donnée. Exemple : les deux roues d'une voiture, les deux fonds d'un tonneau, etc. (16). — Si, après que l'on a tracé une circonférence sur un carton, on découpe ce carton selon la circonférence, la partie détachée présente une circonférence en relief et le trou une circonférence en creux. Ces deux circonférences sont égales : la première peut tourner dans la seconde et jamais elles ne cessent de se toucher partout (18).

Arcs. — Partage de la circonférence en 360 arcs égaux. — Degrés, minutes, secondes (19). — Exemple : les cadrans de montre, le limbe d'un graphomètre, d'un compas de mer, etc., etc. — Ne pas confondre avec secondes, minutes de temps. — Description et usages du rapporteur (19). — Ce qu'on appelle un arc (20). — Deux arcs décrits avec un même rayon et qui contiennent le même nombre de degrés, minutes et secondes, sont

---

[1] Avant de commencer l'explication des théorèmes, le professeur fait comprendre la vérité qu'il veut établir en citant de nombreux exemples tirés de l'industrie ou des arts, et, à côté de chaque proposition, il a toujours soin de placer les applications les plus utiles qui en ont été faites.

a

égaux, et réciproquement (21). — Un arc étant donné en degrés, trouver combien de fois il pourrait être porté sur la circonférence (21). — Le rapport des longueurs de deux arcs d'une même circonférence est égal à celui de leurs nombres de degrés, minutes et secondes. — Trouver le rapport de deux arcs exprimés en degrés (22).

Tracer un diamètre (24). — Tous les diamètres d'une même circonférence sont égaux (24). — Emploi du diamètre dans les arts pour vérifier les circonférences en creux (24). — Dans le même cercle, des arcs égaux ont des cordes égales, et réciproquement (25). — Dans les arts, on emploie presque toujours des cordes égales pour faire des arcs égaux. Exemple : le tailleur de pierre qui façonne des voussoirs, qui veut tracer sur un parement un arc de cercle d'une grandeur donnée, etc., etc. (26). — Prendre, soit sur la même circonférence, soit sur une circonférence de même rayon, un arc égal à un arc donné (26).

Le diamètre est la plus grande des cordes du cercle (27). — Le diamètre partage la circonférence en deux arcs égaux de 180° chacun (30). — Dans les arts, on emploie souvent des demi-circonférences fermées par un diamètre. Exemple : les vantaux de portes en arcades à plein cintre ; beaucoup de grilles et de fenêtres d'édifices publics, etc., etc. (31).

Des angles. — Angle droit, angle aigu, angle obtus (34). — On peut prendre pour mesure de l'angle le nombre de degrés de l'arc décrit avec un compas dont l'une des pointes est placée à son sommet (35). — Usage du rapporteur (56). — Vérification du rapporteur (36). — Trouver le nombre de degrés contenus dans un angle (36). — Faire un angle égal à un angle donné (37) — Le rapport de deux angles est le même que celui des nombres de degrés des arcs décrits de leurs sommets comme centres, avec un même rayon et terminés à leurs côtés (35). — Deux lignes droites qui se coupent font quatre angles deux à deux égaux et opposés par le sommet (39). — Faire deux angles égaux (40). — Les ouvriers qui travaillent le bois, la pierre et les métaux, les dessinateurs de plans de machines emploient sans cesse les tracés précédents pour transporter des angles d'un tableau sur un autre, d'une épure sur la pièce qu'ils façonnent, etc. (41).

Perpendiculaires. — Tracé des perpendiculaires avec l'équerre simple (45). — Équerre du charpentier, du tailleur de pierre, du dessinateur et du menuisier (45). — Leur vérification (45). — Tout point de la perpendiculaire élevée sur une droite en son milieu est également éloigné des deux extrémités de cette droite (46). — Cette perpendiculaire est l'*axe de symétrie* de la droite (47). — Élever une perpendiculaire à une droite en son milieu (48). — Trouver le milieu d'une droite donnée ou diviser une droite donnée en deux parties égales (49). — En un point donné sur une droite élever une perpendiculaire à cette droite sans faire usage de l'équerre (48). — D'un point donné hors d'une droite, abaisser une perpendiculaire sur cette droite (50). — A l'extrémité d'une droite qu'on ne peut prolonger, élever une perpendiculaire à cette droite (51). — Une horizontale et une verticale sont perpendiculaires entre elles (53) — Niveau d'eau (54). — Tracer une perpendiculaire avec le *té* (52). — Vérification du *té* (52). — Usage fréquent que l'on fait des perpendiculaires : le relieur pour rogner ses livres, le serrurier et le menuisier pour diriger leur lime et leur scie, etc.; mais c'est surtout dans le dessin des plans d'architecture et de machines, dans le tracé des épures de charpente et de coupe des pierres que les perpendiculaires sont d'un usage constant (55).

Obliques. — Une droite oblique sur une autre fait avec celle-ci deux angles, dont la somme égale deux angles droits (56). — Toute oblique menée d'un point à une droite est plus longue que la perpendiculaire abaissée du même point sur cette droite (57). — La perpendiculaire est le plus court chemin pour aller d'un point à une droite (58). La ligne de plus grande pente en un point d'un terrain est la perpendiculaire menée en ce point sur la droite horizontale qu'on y peut tracer. On dépense plus de bois, de fer, etc., en faisant des supports obliques qu'en les plaçant d'équerre, par rapport aux pièces qu'ils soutiennent (59). — Deux obliques dont les pieds s'écartent également de celui de la perpendiculaire sont égales (60). — De deux obliques celle dont le pied s'écarte le plus de celui de la perpendiculaire est la plus longue, et réciproquement (61). — D'un point on ne peut mener à une droite donnée plus de deux droites égales entre elles (62). — Tracer une perpendiculaire à une ligne donnée sur le terrain (64). — Les charpentiers, menuisiers, tailleurs de pierre, etc., vérifient leurs perpendiculaires en traçant des obliques égales (65). — Du niveau de maçon (66). — Sa vérification (66).

Parallèles. — Définition (67). — Deux droites perpendiculaires à une troisième sont parallèles (68). — On ne peut tracer par un point donné qu'une seule parallèle à une droite donnée (69). — Tracé des parallèles au moyen de la règle, de l'équerre et du compas (70). — Tracer par un point marqué une parallèle à une droite donnée (71). — Tracer des parallèles sur un terrain uni (72). — Toute perpendiculaire à une droite est aussi perpendiculaire sur la parallèle à cette droite (73). — Égalité des angles alternes-internes, alternes-externes et correspondants. — Mener par un point situé hors d'une droite une ligne qui fasse avec cette droite un angle égal à un angle déjà tracé (77). — Tracer, à l'aide de l'équerre, par un point marqué, une parallèle à une droite donnée (78). — Tracer, par un point donné, une parallèle à une droite donnée, quand on n'a pas d'équerre, ou quand on ne peut en employer. — Tracer des parallèles sur un terrain uni (80). — Deux angles sont égaux quand les côtés de l'un sont parallèles aux côtés de l'autre et dirigés dans le même sens (81). — Deux parallèles terminées à deux droites parallèles sont égales, et réciproquement (82). — Deux parallèles sont partout à la même distance l'une de l'autre (84). — Deux droites parallèles à une troisième sont parallèles entre elles (85). — Du trusquin : son emploi, sa vérification (86). — On trouve des parallèles dans un grand nombre de produits industriels, dans une foule de machines et d'instruments employés à la fabrication de ces produits. Les portes et fenêtres, les pièces de bois de menuiserie et de charpente ont des arêtes parallèles; les échelons d'une échelle, les portées de musique, les rails des chemins de fer, les sillons par les dents de la herse, etc., sont parallèles (87).

Proportionnalité des nombres. — Rappeler les principales propriétés des proportions (88 à 94).

Proportionnalité des droites. — Lorsque des parallèles coupent deux droites concourantes et interceptent sur l'une d'elles des segments égaux, les segments de l'autre sont aussi égaux entre eux (96). — Lorsque des parallèles coupent deux droites concourantes, les segments interceptés sur l'une sont proportionnels aux segments de l'autre (97). — Tracer une parallèle à une droite par un point donné sur le terrain (99). — Diviser une droite en un nombre donné de parties égales (100). — Échelle d'un plan. Sa construction et son emploi (101). — Trouver une quatrième proportionnelle à trois droites données (103); — une troisième proportionnelle entre deux droites données (104). — Les segments interceptés sur des parallèles par deux droites concourantes sont proportionnels aux segments de chacune de ces droites, terminés à leur point de concours et aux parallèles (105). — Diviser une droite en deux parties qui aient entre elles un rapport donné (106). — Diviser une droite en moyenne et extrême partie (107). — Copier en petit un dessin exécuté en grand (108). — Angle de réduction et compas de proportion (108 et 109). — Compas à quatre pointes (110). — Réduction d'un dessin au tiers, au quart, etc. (109). — Les segments interceptés sur des parallèles par des transversales passant par un même point sont proportionnels (111). — Déterminer à la fois sur des droites parallèles entre elles un même nombre de parties égales (112).

GÉOMÉTRIE PLANE

DE LA LIGNE DROITE

1. Nous apprenons peu à peu à distinguer une ligne *droite* d'une ligne qui n'est pas droite ou d'une ligne *courbe*. Si l'on tend un fil souple et délié (fig. 1), la figure présentée par ce fil est celle d'une ligne droite.

Toutefois, quand une corde pesante est tendue, son poids la fait infléchir : ainsi, les cordes à l'aide desquelles les chevaux tirent les bateaux sur les canaux, les fils télégraphiques (fig. 2), bien que tendus, ne présentent pas des lignes droites, en sorte que la figure du fil tendu même délié n'est pas, à cause de son poids, rigoureusement une ligne droite, quoiqu'il soit difficile de le reconnaître. Si au lieu de tendre le fil avec les mains, par exemple, on fixe l'une des extrémités et qu'on suspende un poids à l'autre extrémité, la figure affectée par le fil au repos est exacte-

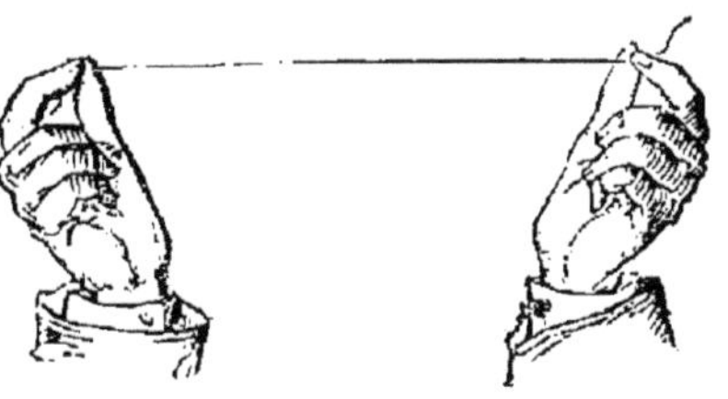

Fig. 1.

Fig. 2.

ment une ligne droite (fig. 3). Cette ligne, toujours dirigée vers la terre, se nomme une *verticale*, et le fil qui supporte le poids se nomme un *fil à plomb*.

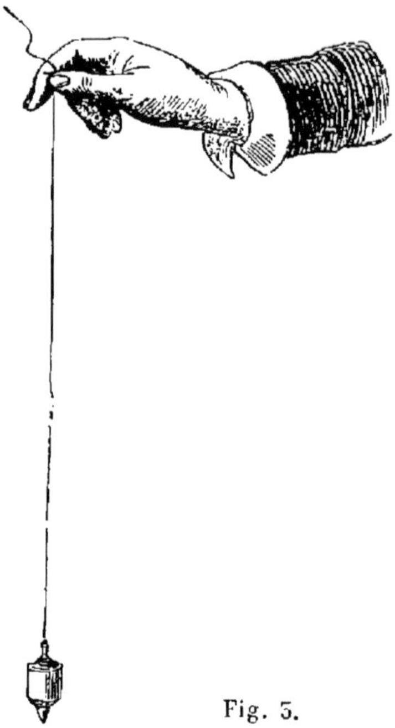

2. Prenons maintenant une planchette à dessin, et supposons qu'en la présentant dans tous les sens à cette ligne droite, celle-ci puisse toujours s'appliquer exactement sur la planchette ; on dit alors que la surface de la planchette est *plane* ou que cette surface est un *plan. Un plan est donc une surface sur laquelle une ligne droite peut s'appliquer tout entière en tous sens*. On reconnaîtra donc aisément si la planchette reste plane ou ne devient pas *gauche* en essayant d'appliquer une ligne droite sur sa surface.

Fig. 3.

3. Lorsque de l'eau est en repos dans un étang ou dans un vase ouvert, sa surface supérieure est plane ; dans un tube étroit cette surface est courbe. Le plan de la surface de l'eau n'est incliné d'aucun côté sur la verticale, c'est un *plan horizontal;* une ligne droite appliquée sur un pareil plan s'appelle une *horizontale*. Plongez la planchette en partie dans l'eau (fig. 4); quand l'agitation produite a cessé, la ligne AB qui sépare la partie immergée de la partie restante est une

Fig. 4.

ligne droite horizontale. Cette ligne s'appelle la *ligne d'intersection* du plan de la planchette et du plan de la surface de l'eau. Ainsi, *la ligne d'intersection de deux plans est une ligne droite.*

Cette proposition sera mise hors de doute dans l'étude de la Géométrie dans l'espace (§ 1).

L'intersection de deux lignes se nomme un *point.* On marquera donc un point par deux petits traits qui se croisent.

4. Nous pouvons maintenant construire une ligne droite portative et très-déliée. Prenons un morceau de bois par exemple, et taillons sur cette pièce deux faces planes (fig. 5); la ligne d'intersection AB de ces deux plans est une ligne droite. Si les deux plans sont bien polis, cette droite est excessivement dé-

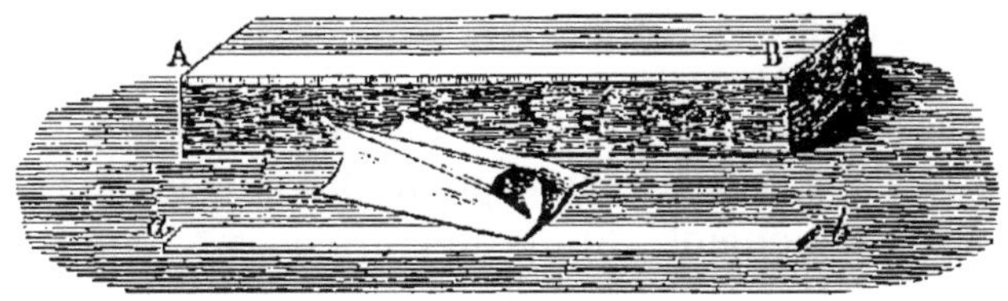

Fig. 5.

liée, elle forme une *arête vive.* Enlevons encore le bois inutile à la solidité de l'arête, nous aurons une règle *ab* parfaite. (Un moyen expéditif d'obtenir une ligne droite consiste à plier en deux une feuille de papier.)

Nous avons donc une planchette bien plane et une règle bien droite. Avec une pointe fine, crayon ou tire-ligne, nous pouvons tracer des lignes droites sur une feuille de papier tendue ou posée sur la planchette ou sur un plan quelconque.

Moyen de vérifier si une règle est droite.

5. Mais souvent, par la chaleur ou l'humidité, le bois se tourmente; si les plans dont l'intersection forme l'arête droite de la règle deviennent gauches, la ligne d'intersection de ces deux surfaces ne sera plus droite; il faut donc savoir vérifier la règle au moment de l'employer. Les règles construites pour le dessin ont toutes leurs arêtes droites; on les fait plates et minces, afin qu'elles puissent bien s'appliquer sur la planchette par une pression convenable de la main; on est donc déjà assuré que l'une des faces de la règle est un plan. Pour vérifier si la règle est droite, on trace une ligne au moyen de cette règle, puis on la retourne sens dessus dessous en app'iquant sur la ligne tracée ses deux extrémités (fig. 6). Si la règle s'ap-

Fig. 6.

plique sur la ligne dans toute son étendue, la règle est droite, sinon elle est courbe et ne peut servir.

Tracé d'une ligne droite sur le papier. Usage de la règle.

6. Il ne suffit pas, pour tracer une ligne droite sur un plan, d'avoir une règle droite et une pointe fine, il faut manier cette pointe convenablement. Supposons qu'on ait à joindre deux points par une ligne droite. On place la règle de façon que son arête soit à la même distance des deux points (fig. 7). Comme les distances de chaque point à la règle doivent être très-petites, l'œil reconnaît aisément quand elles sont égales ; cette distance dépend du reste du crayon ou du tire-ligne employé. On la choisit de façon qu'en tenant l'instrument comme il convient, sa pointe passe bien par le point de départ ; on tire alors la ligne en ayant soin de conserver à la main toujours la même position et de bien maintenir de l'autre main la fixité de la règle. Lorsque la règle est en bois, son frottement sur le papier l'empêche de gl sser ; c'est pour cette raison qu'on la préfère à la règ'e de fer ou de verre, toutes deux plus exposées à glisser par suite de la pression exercée par le tire-ligne qui appuie nécessairement contre le bord de la règle.

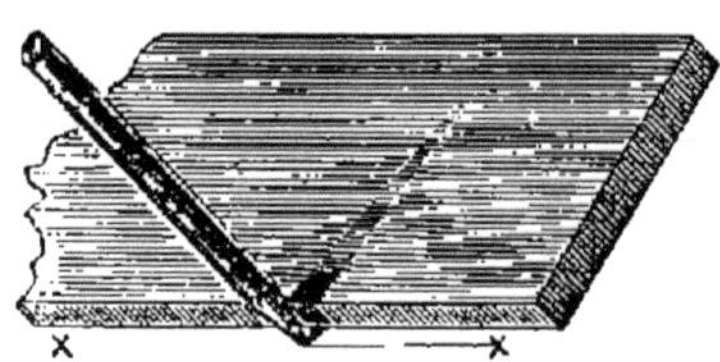

Fig. 7.

7. Pour qu'une règle puisse être aisément maniée, elle ne peut avoir que des dimensions assez restreintes. Celles qu'on emploie dans le dessin ne dépassent guère un mètre ; on doit en avoir de diverses longueurs, et il est plus commode d'employer dans chaque cas la plus petite. La règle est presque exclusivement employée dans le dessin, qu'il s'effectue sur le papier, sur une pièce de bois, sur une pierre ou sur une feuille de métal. Ainsi, les architectes, les menuisiers, les tailleurs de pierre, les ferblantiers, les ajusteurs, etc., en font un continuel emploi. Elle est aussi employée, comme on l'a dit plus haut, pour reconnaître si une surface est bien plane, par les menuisiers, les tailleurs de pierres, les planeurs qui préparent les planches pour la gravure ; ordinairement on applique la règle *sur champ*, c'est-à-dire par son bord étroit contre la surface, et on regarde contre la lumière si l'on ne voit pas de jour entre la règle et la surface : on dit alors que la surface est bien *dressée*.

Mesure d'une ligne droite. — Usage du mètre.

8. La ligne droite qui joint deux points est le plus court chemin entre ces deux points ; toute ligne courbe, toute ligne brisée, c'est-à-dire composée de lignes droites, est plus longue. Deux points réunis par un fil (fig. 8) peuvent s'écarter l'un de l'autre tant

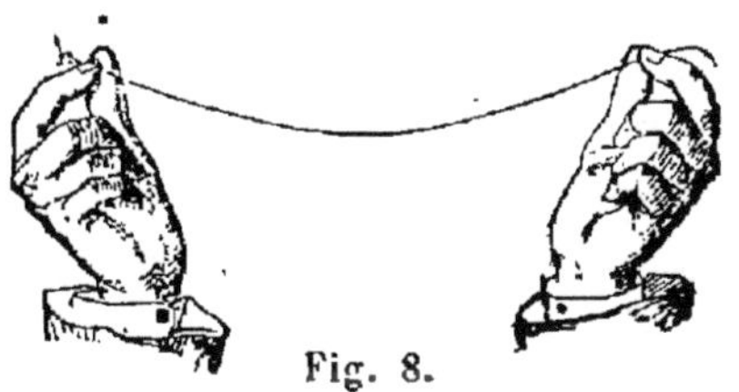

Fig. 8.

que le fil n'est pas assez tendu pour être droit.

Une ligne droite de petite étendue étant tracée ou donnée par ses deux extrémités, mesurer la longueur de cette ligne, c'est chercher combien elle contient de fois l'unité de longueur et ses subdivisions. L'unité employée en France comme mesure

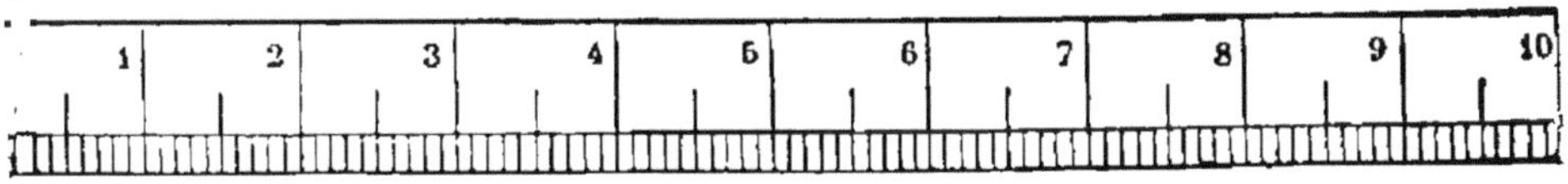

Fig. 9.

de longueur se nomme le mètre ; elle est divisée en dix parties qu'on nomme décimètres ; la figure 9 représente un décimètre. Placez dix longueurs égales à la suite l'une de l'autre, vous aurez une idée de la longueur qu'on appelle un mètre. A son tour, le décimètre est divisé en dix parties qu'on appelle des centimètres : il en faut cent pour faire un mètre ; et enfin le centimètre est divisé en dix parties qu'on appelle des millimètres : il en faut cent pour faire un décimètre et mille pour faire un mètre. Pour les usages ordinaires on ne divise pas le millimètre, mais on conçoit qu'il soit divisé en dix parties qui seraient des dix-millimètres, et ainsi de suite. On fait souvent usage d'une longueur double divisée de la même manière et qu'on appelle un double décimètre. Enfin on comprend qu'on peut faire construire une règle divisée en centimètres et millimètres ayant des dimensions convenables pour l'usage qu'on en fait.

9. Le dessinateur, l'ajusteur, le serrurier font usage du double décimètre ; le menuisier, le tailleur de pierres emploient plus fréquemment le mètre. Pour les longueurs qui dépassent quelques mètres, il est plus commode de faire usage du décamètre, qui vaut 10 mètres. Car, autant que possible, il faut que la longueur mesurée soit plus petite que la mesure, ainsi qu'on le comprendra tout à l'heure. Auparavant, il est bon d'avoir quelque idée de la façon dont le mètre est construit, ainsi que les autres mesures plus grandes ou plus petites.

Le mètre dont on se sert pour mesurer les étoffes est un bâton carré ou légèrement aplati, ayant une longueur conforme au mètre modèle ou *type*, garni à ses extrémités de deux petites plaques de cuivre et divisé sur ses côtés plats en décimètres et centimètres.

Le mètre des maçons, des menuisiers, etc., est formé de cinq doubles décimètres ou de dix décimètres réunis l'un à l'autre par un petit axe rivé autour duquel ils peuvent tourner, de sorte que l'instrument peut être facilement plié et mis en poche ; il porte des divisions en millimètres, parce qu'on a besoin d'une plus grande précision que dans le mesurage des étoffes. Le double décimètre des dessinateurs est souvent divisé en demi-millimètres.

Les mesures plus grandes que le mètre sont aussi formées
de parties qui se replient. Telle est la chaîne d'arpenteur (fig. 10),
dont la longueur est de 10 mètres et qui est composée de
50 pièces de 2 décimètres de longueur. Chaque pièce, formée
d'un fil de fer de 3 à 4 millimètres d'épaisseur bouclé à ses extrémités, est réunie
à la suivante par un
petit anneau de fer;
les deux chaînons
extrêmes se termi-
nent par une poi-
gnée; les poignées
font partie de la lon-
gueur de la chaîne.
Pour faciliter l'usage
de l'instrument, les
anneaux de fer sont,
de mètre en mètre,

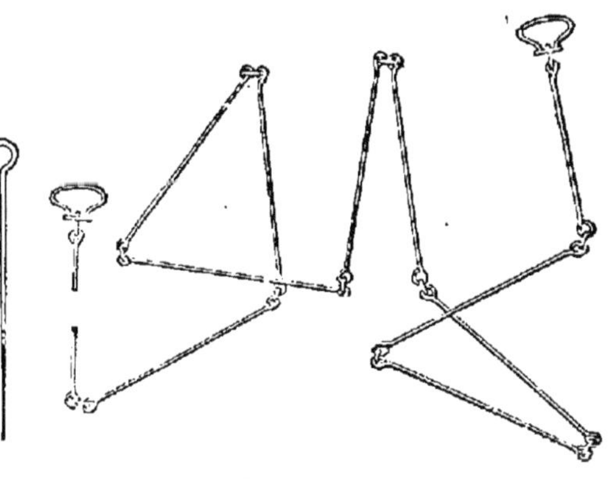

Fig. 10.

remplacés par des anneaux de cuivre. La chaîne est toujours
accompagnée de petites tiges de fer (fig. 10) ou fiches dont
l'usage sera indiqué plus loin. On fait aussi usage de chaînes
d'une seule pièce formée d'un ruban d'acier divisé en mètres et
décimètres. Avec cette mesure on n'a pas à craindre les espèces
de nœuds qui se forment souvent dans l'emploi de la chaîne
ordinaire.

Enfin on emploie un petit instrument très-portatif (fig. 11),
consistant en un ruban de toile
de 5 ou 10 mètres de long, divisé en mètres, décimètres et
centimètres, le premier décimètre
étant en outre divisé en millimètres. Ce ruban s'enroule à
l'aide d'une petite manivelle fixée

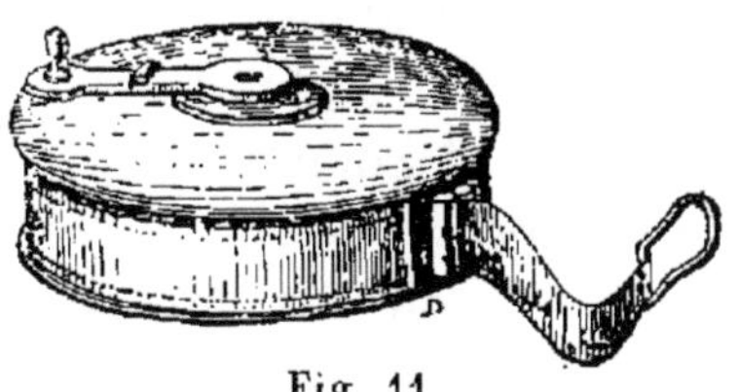

Fig. 11.

à un axe mobile dans une petite boîte ronde qui peut contenir
le ruban tout entier; un anneau qui termine le ruban permet
de le dérouler à volonté.

Tels sont les principaux instruments servant à mesurer la

longueur d'une ligne tracée. Rien n'est plus facile que la manière de les employer.

10. Supposons d'abord qu'il s'agisse de mesurer des lignes de petites dimensions comme celles qui se présentent dans un dessin. Appliquez sur la ligne un double décimètre de façon que l'une des extrémités coïncide avec l'extrémité de la mesure, et lisez sur l'instrument la longueur de la ligne. Ou bien prenez la longueur de la ligne entre les pointes d'un compas (fig. 12) que vous présentez de la même façon au double décimètre. Vous pouvez opérer ainsi toutes les fois que la ligne à mesurer sera plus courte que la mesure dont vous disposez.

Lorsque la mesure est plus courte que la ligne à mesurer, par exemple quand on mesure au mètre une longueur de plusieurs mètres, on porte successivement le mètre sur la ligne à mesurer à partir d'une extrémité, en marquant par un petit trait l'extrémité de la mesure, et on arrive ainsi, après avoir porté un certain nombre de mètres, à mesurer une longueur plus petite qu'un mètre, ce que l'on sait faire.

Fig. 12.

Plus le mètre sera porté de fois sur la ligne, plus l'erreur résultant du tracé du petit trait se multipliera. Si donc le mètre doit être porté un grand nombre de fois, il sera préférable d'employer la roulette de 5 ou 10 mètres; tout au moins faudra-t-il répéter l'opération.

Nous verrons plus loin dans quels cas il y a lieu d'employer la chaîne et comment on en fait usage. Généralement toute mesure précise devra être prise avec une mesure rigide; le mètre de poche, la roulette, sont alors insuffisants.

Passons maintenant au problème inverse.

Tracé d'une ligne droite de longueur donnée.

11. Ayant tracé la ligne droite sur laquelle il faut prendre une longueur donnée, s'il s'agit d'une petite longueur, on la prend avec le compas sur le double décimètre et on la porte ainsi sur la ligne donnée. S'il s'agit d'une longueur de quelques mètres, on porte successivement le mètre autant qu'il est nécessaire, puis on ajoute le nombre de décimètres, centimètres, millimètres donné, et il convient, pour l'exactitude, de répéter l'opération. L'emploi de la roulette rend l'opération plus simple.

Moyens qu'emploient les jardiniers, les terrassiers, les maçons, les charpentiers, pour tracer des lignes droites.

12. Le tracé d'une ligne droite peut offrir des difficultés dans certains cas que nous allons examiner.

Nous avons dit qu'une corde tendue entre deux points présente une forme d'autant plus éloignée de la ligne droite qu'elle est plus pesante; toutefois si l'on se place convenablement, elle paraîtra droite : c'est ainsi que la corde d'une escarpolette peut paraître une simple corde pendante. En d'autres termes, la corde tendue peut être employée pour tracer des lignes qui paraissent droites dans un certain sens. Telles sont les lignes droites que peut avoir à tracer un jardinier pour dessiner une allée : il se borne à tendre un cordeau entre deux piquets. Le maçon, pour se guider dans la construction d'un mur droit, tend aussi une corde à l'aide de deux tiges enfoncées dans le mur. Lorsque le charpentier veut équarrir une pièce de bois, il tend d'un bout de la pièce à l'autre un cordeau blanchi, et, soulevant verticalement le cordeau par son milieu, il le laisse retomber : le cordeau laisse une empreinte qui guide son travail. Du reste, dans les travaux qui ne demandent pas une grande précision, la corde légère, assez courte et bien tendue, représente une droite avec une exactitude suffisante.

Tracé d'une ligne droite sur le terrain; procédé employé dans le lever des plans.

13. Quand on propose de tracer une ligne droite sur le terrain, il faut entendre qu'il s'agit de tracer une ligne telle qu'en se plaçant à une extrémité et regardant cette ligne elle paraisse droite, de sorte que si en un point de cette ligne on plantait d'aplomb (c'est-à-dire dans la direction du fil à plomb) un piquet bien droit, la ligne serait cachée tout entière. La ligne ainsi tracée sur le terrain sera effectivement droite si le terrain est plan ; mais si le terrain est ondulé, elle ne sera pas droite.

Pour effectuer commodément le tracé d'une pareille ligne,

Fig. 13.

si elle est un peu longue, il faut un aide. Aux extrémités A et B de la ligne à tracer (fig. 13), plantez d'aplomb deux jalons ou bâtons bien droits, puis placez-vous sur le prolongement de la ligne qui joint leurs pieds à 3 ou 4 mètres de distance, de façon que, regardant le premier jalon A, le jalon extrême B soit caché par lui. Alors l'aide, muni de plusieurs jalons, chemine entre les deux premiers, s'arrête à une distance convenable, tenant d'aplomb un jalon à la main ; vous lui faites signe de se porter à droite ou à gauche jusqu'à ce que le jalon, qu'il appuie de temps en temps sur le sol, soit aussi caché par le jalon A. Lorsqu'il en est ainsi, l'aide plante le jalon en terre, puis l'opération recommence. On peut ainsi planter autant de jalons que l'on veut, non-seulement entre les deux piquets extrêmes, mais en dehors de leur intervalle et prolonger l'*alignement*. On a ainsi un certain nombre de points de la ligne demandée ; on peut achever le tracé à l'aide d'un cordeau que l'on tend d'un jalon à l'autre et qu'on laisse alors doucement reposer sur le sol.

14. Cette ligne formée par le cordeau peut n'être pas droite, mais rien n'est plus facile que d'avoir une série de points en ligne droite. S'agit-il par exemple d'élever le long de la ligne jalonnée CD une palissade (fig. 13), dont la partie supérieure présente une ligne droite, on fixera deux petits signaux *c*, *d* aux jalons extrêmes, à la hauteur voulue, par exemple deux petits carrés de papier, comme ceux dont les jalons sont munis pour être plus aisément distingués ; l'opérateur se placera de façon que son œil soit en ligne droite avec ces deux signaux. Alors l'aide, muni de signaux semblables, ira successivement les fixer sur chaque jalon, les élevant ou les abaissant, suivant les indications de l'opérateur, qui procède avec ces signaux comme avec les jalons. L'arête de la palissade terminée à la ligne des signaux sera droite, mais il est évident qu'il pourra arriver que la palissade ait des hauteurs très-inégales dans ses diverses parties par suite des ondulations du terrain.

Usage de la chaîne d'arpenteur.

15. Lorsqu'une ligne est ainsi jalonnée, on peut se proposer d'en mesurer la longueur. L'emploi d'un mètre serait très-incommode et donnerait lieu à des opérations trop nombreuses. On se sert habituellement de la chaîne d'arpenteur décrite plus haut. L'opérateur, une poignée de la chaîne en main, se met au premier jalon **A**, y place l'extrémité de la chaîne; l'aide, tenant d'une main la seconde poignée et de l'autre un paquet de dix fiches, marche en avant dans la direction AB; l'opérateur dirige l'aide jusqu'à ce que la chaîne déployée soit bien dans l'alignement; l'aide tend la chaîne et plante une fiche contre le bord intérieur de la poignée (fig. 14), puis tous deux cheminent.

Fig. 14.

L'opérateur place la poignée contre la fiche, l'aide tend la chaîne, la dirige, place une seconde fiche; l'opérateur enlève alors la première, et ainsi de suite. Autant il a de fiches en main au bout de l'opération, autant la longueur contient de décamètres; le reste inférieur à un décamètre est également mesuré avec la chaîne et ajouté au nombre de décamètres déjà obtenu.

L'aide est ordinairement muni de dix fiches; quand il les a épuisées, l'opérateur les lui rend et note 100 mètres, puis l'opération continue.

Il n'est pas inutile d'ajouter que l'aide et l'opérateur doivent veiller l'un et l'autre à ce que la chaîne ait la direction et la tension convenables et à ce qu'elle soit toujours horizontale, quelles que soient les ondulations du terrain.

CERCLE ET CIRCONFÉRENCE

Tracé de la circonférence. — Emploi du compas.

16. Lorsque, appuyant l'une des pointes d'un compas sur une planchette bien plane, on fait tourner le compas autour de cette pointe en appuyant convenablement l'autre pointe sur la planchette, cette dernière trace une ligne que l'on appelle *circonférence* ou *cercle* (fig. 15).

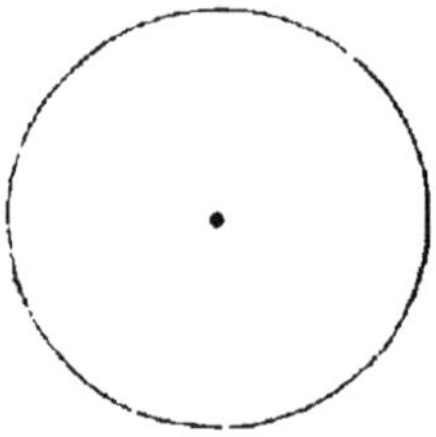

La distance des deux pointes est ce qu'on nomme le *rayon* de la circonférence, le point marqué par la pointe fixe se nomme

Fig. 15.

le *centre*. On voit que les droites qui joignent le centre à un point de la circonférence sont toutes égales, ou que tous les rayons sont égaux. Il est essentiel que la pointe fixe soit fine, pour que le point où elle est appliquée reste bien le même. Il faut aussi que l'écartement des branches ne change pas pendant l'opération.

Deux circonférences de même rayon sont égales.

Il est clair que si, sans changer la disposition de l'instrument, on décrit une autre circonférence, elle est égale à la première ; si les deux centres coïncidaient, les circonférences se superposeraient. En d'autres termes, deux circonférences de même rayon sont égales. Les deux fonds d'un tonneau, d'une boîte ronde, les deux roues d'une voiture montée sur le même essieu sont limités à des cercles de même rayon.

Tracer une circonférence égale à une circonférence donnée.

Dans le dessin, une circonférence se trace avec un compas; si le rayon est donné, on prend sa longueur entre les pointes du compas : c'est ce qu'on appelle prendre une *ouverture de compas égale à une longueur donnée*. Plaçant l'une des pointes au point qui doit être le centre, on décrit la ligne. Lorsqu'on opère sur le papier, la seconde pointe se remplace par un tire-ligne ou un crayon bien taillé (fig. 16).

Sur le bois, la pierre ou les métaux, on opère souvent avec la pointe elle-même, qu'on appelle la pointe *sèche*, pour la distinguer des deux autres.

On a du reste des compas de diverses dimensions ou une pièce qui permet d'augmenter la longueur de la branche mobile. Il faut avoir soin pour éviter le glissement de la pointe fixe de tenir la branche correspondante aussi droite que possible. Le tire-ligne et le crayon sont munis d'une charnière qui permet de leur donner une direction convenable.

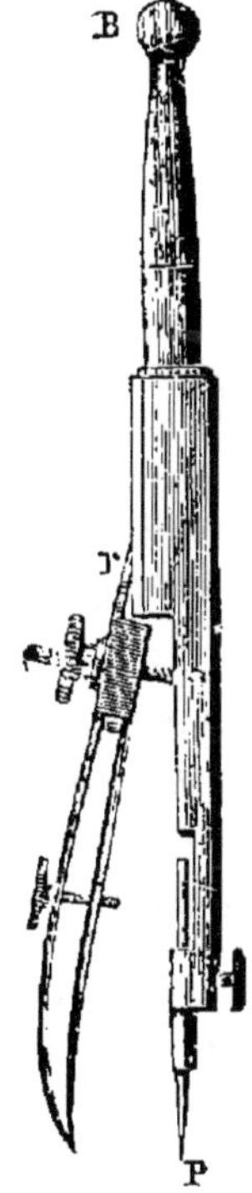

Fig. 16.

17. On se sert pour décrire de grands cercles, ou d'un grand compas en bois garni de pointes de fer, ou d'un compas à verge. Ce compas consiste en une règle munie d'une pointe fixe à l'une de ses extrémités et d'une pointe mobile dont on peut faire va-

Fig. 17

rier la distance à la pointe fixe (fig. 17). Les jardiniers em-ploient une corde à laquelle ils donnent la longueur convenable et qui se termine à chacune de ses extrémités par une boucle :

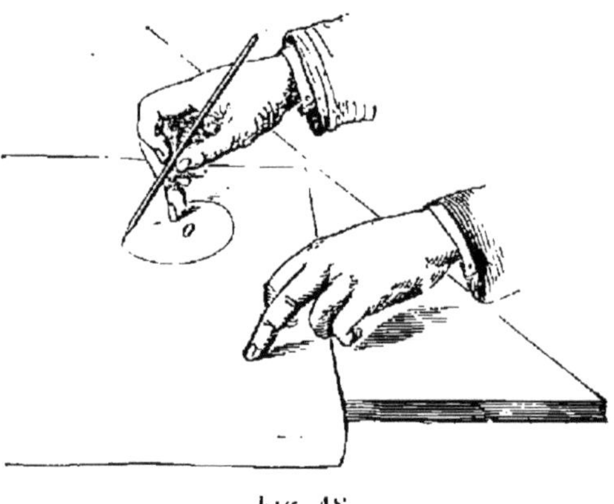

Fig. 18.

l'une s'engage dans une pointe fixe plantée au centre du cercle, l'autre dans une pointe mobile que l'on meut, d'aplomb, à la main, en tenant la corde ten-due et appuyant la pointe sur le sol.

Pour tracer un cer-cle à la main sur le pa-pier sans le secours du compas, on forme compas avec la main disposée comme on le voit (fig. 18). On tient la main immobile appuyée en O par l'ongle sur le papier; de l'autre main on fait tourner la feuille et la pointe du crayon, restant à une distance constante du point O, décrit le cercle.

Si dans une feuille de carton on découpe avec une lame mince un cercle tracé, la partie détachée présente un cercle limité par une circonférence égale à celle qui correspond au trou circu-laire obtenu.

18. Si on fait tourner le disque dans le trou, ses bords tou-chent partout et constamment les bords du trou ; la même chose a lieu si, fixant le disque, on fait tourner le carton. C'est ainsi que tournent une roue de voiture sur son essieu, une poulie sur son axe, le couvercle d'une boîte ronde sur la boîte, etc. (fig. 19). Les emporte-pièces qui découpent les pièces de monnaie dans une planche de métal déterminent dans la planche une circonférence exactement égale à celle de la pièce.

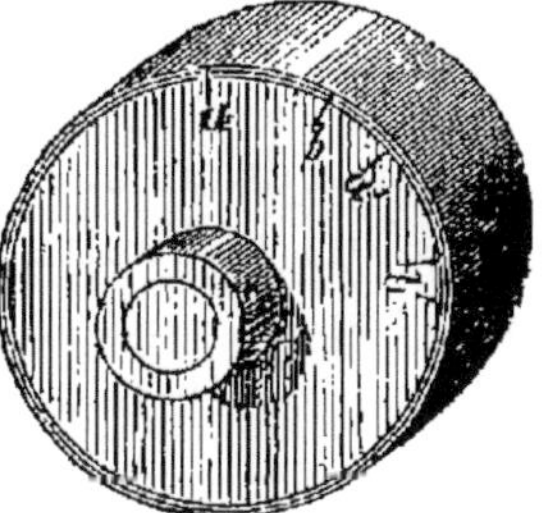

Fig. 19.

ARCS

19. On nomme *arc* une portion de circonférence. Lorsqu'un tonnelier, ayant réuni les planches qui doivent former le fond d'un tonneau, a décrit le cercle qui en dessine le contour (fig. 20), chaque planche est limitée par des arcs de cercle à ses extrémités. Les arcs de cercle sont fréquemment employés dans l'architecture et l'ornementation (fig. 31 et 47).

Imaginez qu'après avoir marqué sur le cercle de la figure 19 deux traits a, b déterminant un arc, vous fassiez tourner le couvercle, les traits a et b viendront en a' et b', les arcs ab et $a'b'$ marqués sur *le*

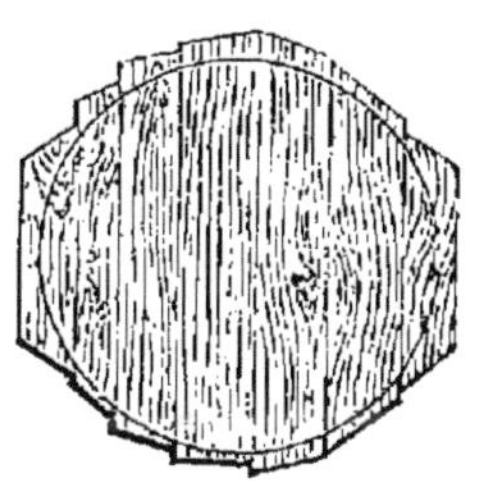

Fig. 20.

même cercle sont des arcs *égaux*. Ce sont des arcs qui peuvent, comme vous voyez, se placer l'un sur l'autre. Sortez le couvercle, vous avez alors sur deux cercles de même rayon, mais dont les centres sont distincts, des arcs égaux. Comme deux cercles de rayon différent ne peuvent s'appliquer l'un sur l'autre, il n'y a pas lieu de considérer sur chacun de ces cercles des arcs égaux. Toutefois on peut considérer sur ces deux cercles de rayon différent des arcs de même graduation, c'est ce que l'on va expliquer.

Partage de la circonférence en 360 arcs égaux. — Degrés, minutes, secondes.

Comparez le cadran d'une montre et celui d'une horloge : ces d ux cadrans ont même *graduation*, c'est-à-dire qu'ils sont divisés l'un et l'autre en douze arcs égaux, et chacun de ceux-ci en cinq arcs égaux entre eux. Quand la petite aiguille parcourt une des grandes divisions, il s'écoule une heure ; quand la grande aiguille parcourt une des petites divisions, il s'écoule une minute.

Imaginez une circonférence assez grande pour qu'on puisse la partager aisément en 360 parties égales : chaque partie se nomme un *degré;* supposez encore le degré partagé en 60 parties égales qu'on nomme des *minutes,* et la minute partagée en 60 parties égales qu'on nomme des *secondes,* en sorte qu'un d gré vaut 3600 secondes. Vous voyez que, de cette façon, la circonférence se trouve partagée en 360 $\times$ 60 ou 21 600 minutes et en 21 600 $\times$ 60 ou 1 296 000 secondes.

Considérez un arc sur cette circonférence, il comprendra un certain nombre de degrés, minutes et secondes, par exemple 58 degrés 25 minutes 12 secondes, ce qu'on écrit 58° 25′ 12″.

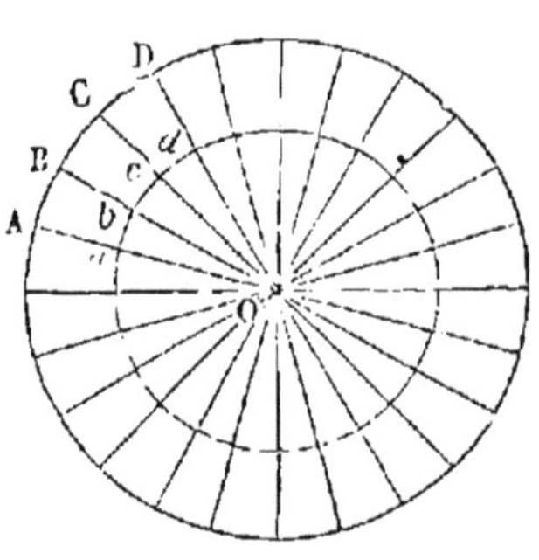

Fig. 21.

On pourra prendre un arc égal sur une partie quelconque de cette circonférence. Mais que serait un arc de 58° 25′ 12″ sur une autre circonférence ?

Considérez deux circonférences ayant même centre et des rayons différents (fig. 21). Si, après avoir divisé l'une en parties égales AB, BC, CD, etc., on joint les points de division au centre, on obtiendra sur l'autre le même nombre de divisions et les divisions seront aussi égales entre elles. Si AB est un arc de 30° sur une des circonférences, *ad* sera aussi un arc de 30° sur l'autre. D'après cela, rien de plus facile que de prendre, sur une circonférence, quelle qu'elle soit, un arc dont la graduation est donnée.

20. On se sert pour cela du *rapporteur*. Cet instrument consiste en une petite lame de corne transparente (fig. 22), sur

laquelle est tracée une demi - circonférence ordinairement divisée en degrés et chaque degré en deux demi-degrés, la grandeur de la circonférence ne comportant pas des divisions plus nombreuses. Les divi-

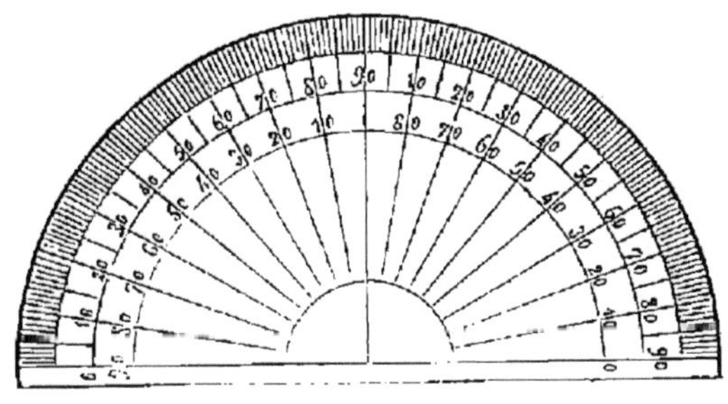

Fig. 22.

sions sont numérotées dans les deux sens. Pour savoir combien un arc AB donné sur un cercle contient de degrés (fig. 23), on joint ses extrémités au centre par deux rayons OA, OB ; on place ensuite le rapporteur de façon que son centre coïncide avec le centre du cercle, et que le rayon du rapporteur mené à la division 0° s'applique sur l'un des rayons tracés OA ; le second rayon OB, prolongé s'il le faut, indique sur la graduation du rapporteur la

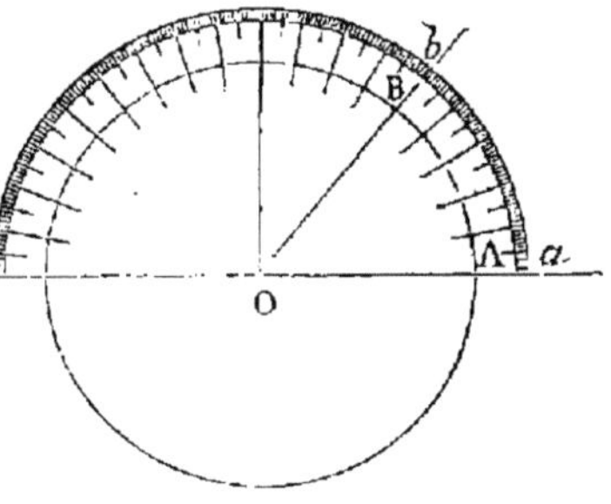

Fig. 23.

grandeur *ab* de l'arc en degrés et parties de degré. On opérerait d'une manière semblable pour prendre sur une circonférence un arc d'un certain nombre de degrés.

Deux arcs qui contiennent le même nombre de degrés, minutes et secondes sont égaux, si les cercles sont de même rayon.

21. Par exemple, sur deux circonférences égales, deux arcs de 60' seront égaux. Ils représentent, en effet, chacun la sixième partie de la circonférence.

Un arc étant donné en degrés, trouver combien de fois il pourrait être porté sur la circonférence.

Pour qu'un arc donné en degrés, minutes et secondes puisse être porté un nombre exact de fois sur la circonférence, il faut qu'en exprimant cet arc en secondes, le nombre de secondes obtenu divise exactement le nombre 1 296 000, qui est le nombre de secondes de la circonférence ; le quotient exprime combien de fois l'arc est contenu dans la circonférence. Soit un arc de 2° 48′ 45″ ou de 10125″ ; je divise 1 296 000 par 10 125 : la division se fait exactement et donne pour quotient 128. Ainsi l'arc de 2° 48′ 45″ serait contenu 128 fois dans la circonférence.

Si l'arc est donné en degrés, il ne peut être contenu exactement dans la circonférence qu'autant que le nombre de degrés qui l'exprime est l'un des 24 nombres 1°, 2°, 3°, 4°, 5°, 6", 8°, 9°, 12°, 15°, 18°, 20°, 24°, 30°, 36°, 40°, 45°, 48°, 60°, 72°, 90°, 120°, 180°, 360°, et on connaîtra le nombre de fois que l'arc est contenu en divisant 360 par le nombre de degrés donné. Ainsi un arc de 8° est contenu exactement 45 fois dans la circonférence.

Le rapport des longueurs de deux arcs d'une même circonférence est égal à celui de leurs nombres de degrés, ou de minutes, ou de secondes. Trouver le rapport de deux arcs exprimés en degrés.

22. Dire qu'une grandeur est double, triple, quadruple d'une autre, ou que le rapport de grandeur de la première à la seconde est 2, 3, 4, c'est dire absolument la même chose. Si la longueur d'une canne peut être portée 8 fois sur une pièce de bois et 4 fois sur une autre, comme 8 est le double de 4, l'une des pièces de bois est donc le double de l'autre, ou le rapport de grandeur des deux pièces de bois est 2 : ce que l'on obtient en divisant 8 par 4.

Prendre le rapport de deux grandeurs c'est chercher combien l'une d'elles est contenue dans l'autre ; on l'obtient donc en divisant le nombre qui représente la première par celui qui représente la seconde.

23. On appelle *longueur* d'un arc la longueur d'un fil droit qui s'enroulerait exactement sur l'arc. Si, sur une même circonférence, deux arcs sont l'un de 120° et l'autre de 30°, comme l'arc de 1° a la même longueur sur les deux circonférences, le rapport des longueurs des deux arcs est celui de 120 à 30 ou 4, ou, ce qui est la même chose, le premier arc est quadruple du second.

Soient deux arcs, l'un de 7° 56′, l'autre de 2° 16′. Comme 1° vaut 60′, le premier arc renferme 60 × 7 minutes ou 420′ plus 56′ ou 476′; le second en renferme 60 × 2 plus 16 ou 136′ ; le rapport de grandeur des deux arcs est celui de 476 à 136 ou 3,5 ; ainsi le premier vaut 3 fois 1/2 le second.

Tracer un diamètre. Tous les diamètres d'une même circonférence sont égaux.

24. Toute ligne droite menée par le centre du cercle et terminée à la circonférence s'appelle un *diamètre* (fig. 24). Le diamètre AB valant deux rayons, *tous les diamètres d'une circonférence son égaux*.

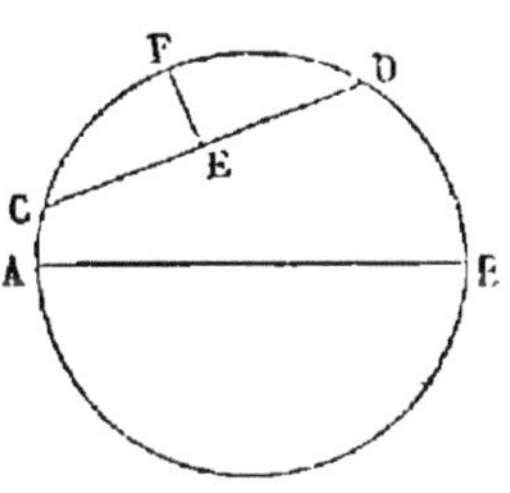

Fig. 24.

La droite qui joint deux points C et D d'une circonférence sans passer par le centre s'appelle une *corde* (fig. 24).

Le plus petit arc CFD dont elle joint les extrémités est dit *sous-tendu* par la corde. La ligne EF qui joint le milieu de la corde au milieu de l'arc s'appelle la *flèche* de l'arc (fig. 24).

Dans le même cercle des arcs égaux ont des cordes égales et réciproquement (fig. 25).

25. Car deux arcs égaux appartenant à des circonférences égales ou à la même circonférence peuvent se superposer (§ 21);

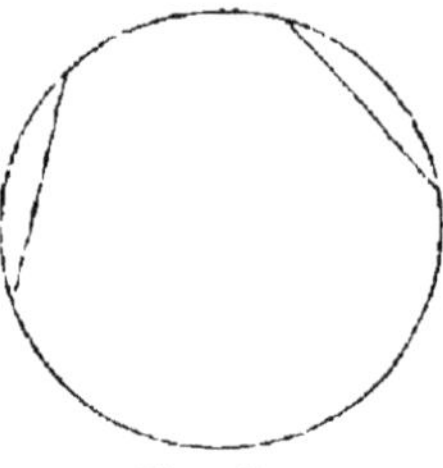

Fig. 25.

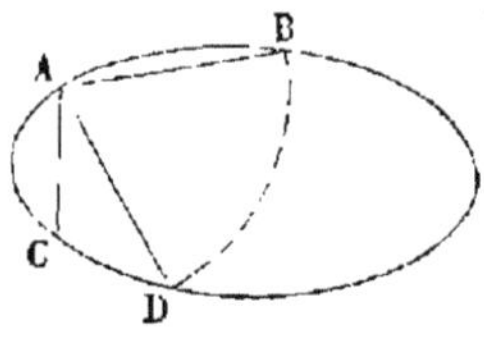

Fig. 26.

dès lors les droites qui joignent leurs extrémités coïncident et par conséquent sont égales. Et réciproquement, *si les cordes sont égales et les circonférences de même rayon, les arcs seront égaux.* Cela n'a pas lieu pour d'autres courbes que le cercle. On voit sur la figure 26 qu'aux deux arcs égaux AB, AC, ne correspondent pas des cordes égales et aussi qu'aux deux cordes égales AB, AD, ne correspondent pas des arcs égaux.

Prendre soit sur la même circonférence, soit sur une circonférence de même rayon, un arc égal à un arc donné.

26. Lorsque sur des circonférences de même rayon on veut prendre deux arcs égaux, l'un d'eux étant donné, on place l'une des pointes du compas à l'une de ses extrémités et on amène l'autre pointe à l'autre extrémité; si alors on applique les deux pointes du compas sur une circonférence de même rayon, elles comprennent un arc égal au premier. C'est ainsi que procède le tailleur de pierres pour dessiner, sur une face ou *parement* d'une pierre, un arc de grandeur déterminée appartenant

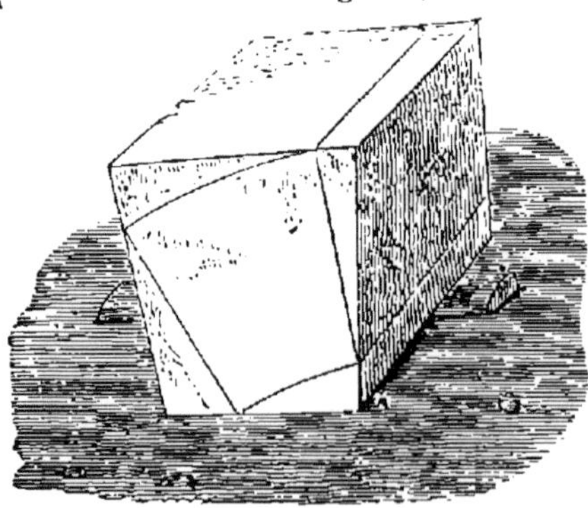

Fig. 27.

ment d'une pierre, un arc de grandeur déterminée appartenant à un cercle de rayon donné ; ou bien il découpe sur un carton l'arc et sa corde d'après le dessin donné, et, transportant ce *patron* sur le parement dans une position convenable, il en dessine le contour. Ce cas se présente dans la taille des voussoirs nécessaires pour la construction d'une voûte. La figure 27 représente le tracé d'un voussoir.

Le diamètre est la plus grande des cordes du cercle.

27. Car soit une corde AB (fig. 28) ; en joignant au centre du cercle les extrémités de la corde, on voit que celle-ci, qui est une ligne droite, est moindre que la ligne brisée AOB formée des deux rayons et qui représente précisément la longueur d'un diamètre BC.

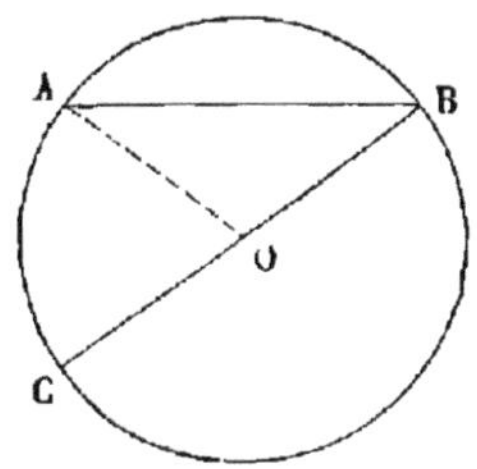
Fig. 28.

28. Cette propriété est appliquée pour vérifier une circonférence ou pour mesurer le diamètre d'un cercle dont le centre n'est pas connu ; on emploie pour cela un compas d'une forme particulière, qu'on appelle *compas d'épaisseur* (fig. 29). Veut-on prendre le diamètre d'une rondelle de métal, on ferme le compas de façon que la rondelle l'écarte en passant entre ses branches ; l'écartement mesuré sur une règle divisée donne le diamètre. En faisant passer la rondelle entre les branches du compas en divers sens, on vérifiera si la rondelle est bien un cercle, puisque tous ses diamètres doivent être égaux. Le même instrument est disposé pour mesu-

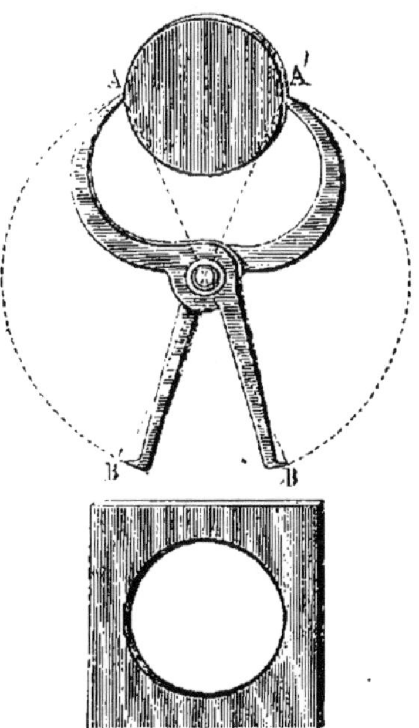
Fig. 29.

rer le diamètre d'un trou circulaire ou d'un tube ; on tâche alors de l'ouvrir le plus possible en appuyant l'extrémité des branches contre les parois du trou. Nous expliquerons plus loin comment cet instrument est construit pour que l'écartement de deux branches soit égal à celui des branches opposées. Les tourneurs font un usage incessant de ce compas pour reconnaîre si les pièces en ouvrage ont atteint le diamètre voulu dans les diverses parties.

29. On emploie aussi, pour mesurer le diamètre d'un cercle, un autre instrument, mais qui s'applique spécialement à la mesure des diamètres des verges rondes en métal, et qu'on ap-

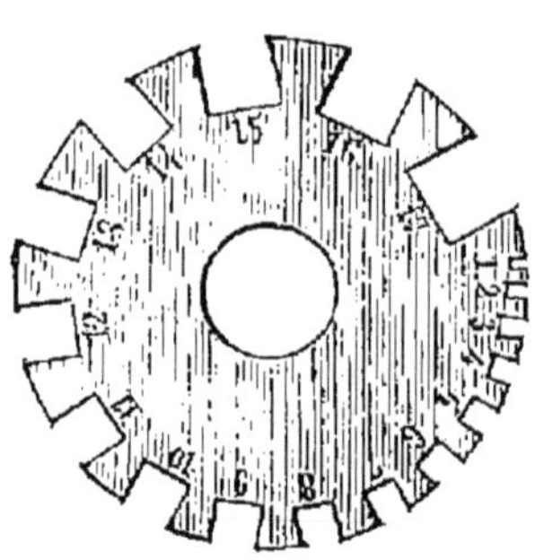

Fig. 50.

pelle une *jauge*. C'est une rondelle de fer (fig. 30) qui porte vers sa circonférence des espèces de crans ayant la forme indiquée dans la figure, c'est-à-dire un peu plus larges vers le centre de la rondelle ; ces divers crans portent des numéros qui correspondent à des diamètrés connus en millimètres et dixièmes de millimètre. Si, par exemple, le n° 16 correspond à 5 millimètres et que l'on cherche une verge de cuivre de 5 millimètres de diamètre, on essaye parmi les verges de divers diamètres celle qui entre à frottement doux dans le cran 16. Si, la verge étant donnée, on veut connaître son diamètre, on l'essayera dans les crans successifs : elle va librement au n° 15 qui correspond à $4^{mm},8$, mais ne peut sortir du n° 16 ; son diamètre est donc compris entre $4^{mm},8$ et 5^{mm}. On dit qu'il est de 5^{mm} *faible* ou de $4^{mm},8$ *fort*.

Le diamètre partage la circonférence en deux arcs égaux de 180° chacun.

30. Car si on fait tourner l'une des parties autour du diamètre comme charnière, les deux arcs doivent se recouvrir, sans quoi tous leurs points ne seraient pas à la même distance du centre ; chacune des parties comprend donc 180°.

**Dans les arts on emploie souvent les demi-circonférences
fermées par un diamètre.**

31. La figure 31 représente une grille formée de circonférences et de demi-circonférences ; les vantaux de portes à plein

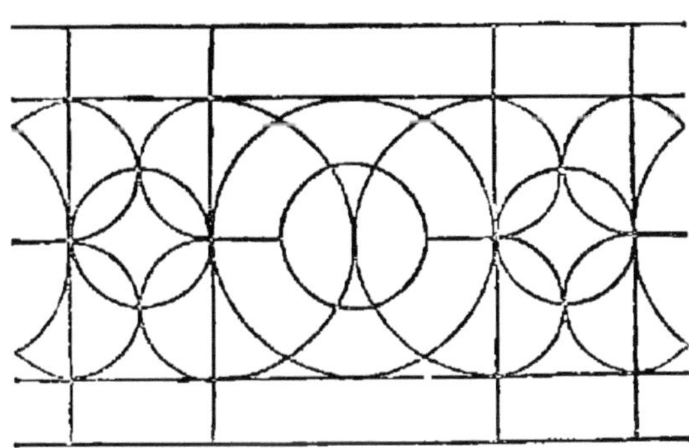

Fig. 51.

cintre, les deux parties d'une table ronde qui se replie, se terminent par une demi-circonférence et son diamètre.

DES ANGLES

32. Si d'un point on trace deux lignes droites, ces deux lignes
forment une figure qu'on appelle un *angle.* Que l'on prolonge
plus ou moins les deux lignes, l'angle reste toujours le même :
le point de départ A des deux lignes
s'appelle le *sommet* de l'angle et les
deux lignes en forment les *côtés.* L'angle se désigne par une lettre placée au
sommet ; on dira l'angle A.

Si on avait tiré du point A plusieurs
lignes (fig. 32), on aurait formé plusieurs angles ; il faut alors dire l'angle

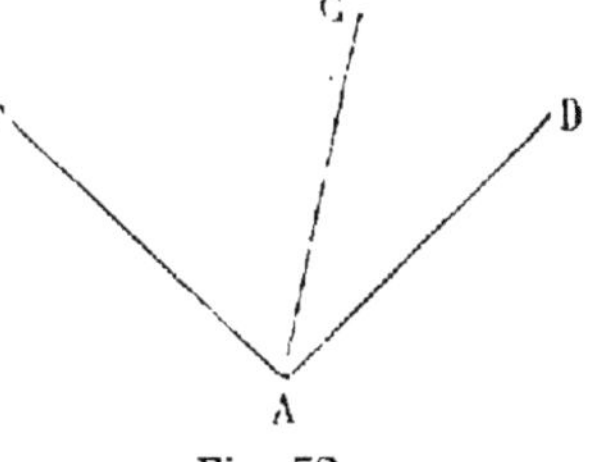

Fig. 52.

BAC pour désigner l'angle dont les côtés sont AB, AC. Les deux
angles BAC, CAD sont dits *adjacents.*

33. On se fait aisément idée de la variation de grandeur d'un angle de la manière suivante. Supposez que les deux aiguilles d'une horloge soient sur midi ; maintenez l'une d'elles fixe et faites tourner l'autre : les deux aiguilles, qui représentent les deux côtés de l'angle, font d'abord un petit angle, puis un angle plus grand ; à mesure que l'on tourne, l'angle augmente toujours. Quand l'aiguille mobile vient sur 6 heures, c'est-à-dire sur le prolongement du côté fixe, on ne peut plus dire, à proprement parler, qu'il y ait un angle. Continuez le mouvement, vous retrouvez à gauche un angle dont la grandeur a déjà été obtenue dans la première partie du mouvement.

Angle droit, angle aigu, angle obtus.

54. Considérez maintenant ces deux angles que fait avec les deux parties OA, OA' (prononcez OA prime) d'une même droite une seconde droite OB (fig. 33). Supposez comme précédemment

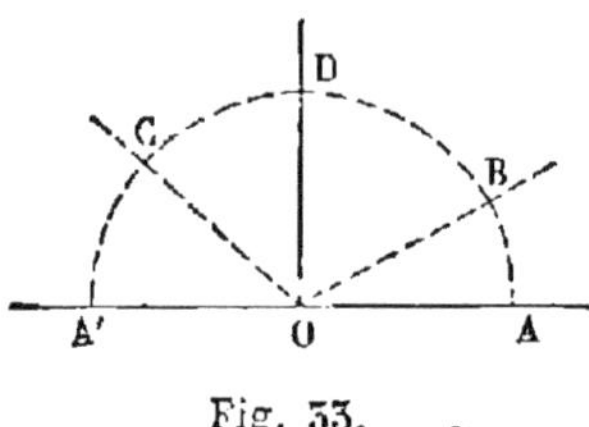

Fig. 33.

la droite OB couchée d'abord sur OA, puis tournant autour du point O : l'angle BOA grandit et l'angle BOA' diminue ; mais BOA' est d'abord plus grand que BOA. Quand la droite OB a pris la position OC, c'est au contraire l'angle COA qui est plus grand que COA'. Il y a donc une certaine position et une seule OD de la droite pour laquelle les deux angles DOA, DOA' sont égaux. L'angle DOA ou son égal DOA' se nomme un angle *droit* ; un angle BOA, plus petit qu'un angle droit, est un angle *aigu* ; un angle COA, plus grand qu'un angle droit, se nomme un angle *obtus*.

Décrivez une circonférence du sommet O comme centre avec un rayon pris à volonté, la partie de la circonférence située au-dessus de AA' sera la moitié de la circonférence entière, et son arc sera de 180° ; l'arc compris entre OA et OD sera égal à celui qui est compris entre OA' et OD et par conséquent la moitié de 180° ou 90°. Ainsi, l'arc de circonférence décrit du sommet d'un angle droit comme centre et entre ses côtés est de 90°. Cet arc se nomme un *quadrant*.

On peut prendre pour mesure de l'angle le nombre de degrés de l'arc décrit de son sommet comme centre.

35. Généralement on prend pour mesure d'un angle le nombre de degrés de l'arc compris entre ses côtés et décrit du sommet comme centre. Cela tient à ce que si on joint au centre d'un cercle les extrémités d'arcs égaux, les angles formés par ces rayons sont égaux (fig. 34). Car soient AB, BC deux arcs égaux, joignons leurs extrémités au centre O. Si on fait tourner la demi-circonférence inférieure autour du diamètre BB' comme charnière, on sait qu'elle viendra s'appliquer sur la demi-circonférence supérieure, et comme BC = AB, le point C tombera en A, en

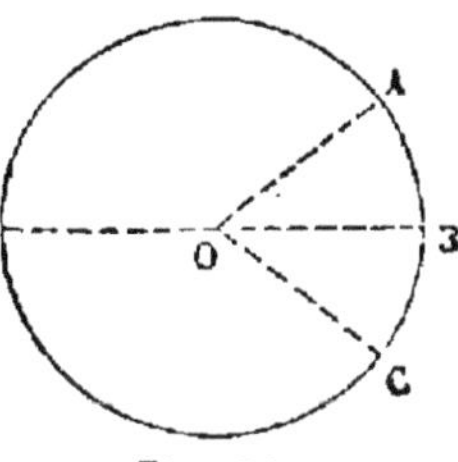

Fig. 34.

sorte que la ligne AO coïncidera avec CO ; donc les deux angles COB, BOA sont égaux. On voit de la même manière que, réciproquement, si deux angles BOA, COB sont égaux, les arcs compris entre leurs côtés et décrits du sommet comme centre avec le même rayon sont égaux.

D'après cela, si deux angles interceptent entre leurs côtés, l'un un arc de 40' et l'autre un arc de 50°, le premier contient 40 fois et le second 50 fois l'angle de 1° ; le rapport des deux angles est celui de 40 à 50 ou de 40 degrés à 50 degrés ; donc :

Le rapport de deux angles est le même que celui des nombres de degrés des arcs décrits de leur sommet comme centre et terminés à leurs côtés.

Usage du rapporteur, sa vérification.

36. Nous avons déjà dit comment on employait le rapporteur pour trouver le nombre de degrés d'un arc ; on l'emploie de la même façon à trouver le nombre de degrés d'un angle. Pour reconnaître qu'un rapporteur est exact, il suffit d'en employer diverses parties à mesurer un même angle. Supposons qu'on ait trouvé, en l'appliquant comme il a été dit, qu'un angle donné est de 23°. Plaçons maintenant la division 15°, par exemple, sur l'un des côtés de l'angle; le centre étant toujours au sommet, l'autre côté devra indiquer 38°, puisque 38° moins 15° donne 23. On renouvellera l'épreuve en partant de telle division que l'on voudra : la différence des deux nombres devra toujours être de 23°.

Faire un angle égal à un angle donné.

37. Si l'angle est donné en degrés, on emploiera le rapporteur. Ayant tracé une ligne OA (fig. 35) et marqué un point O

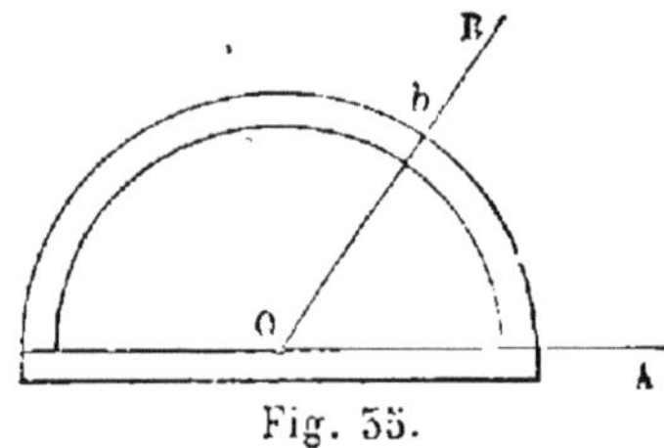

Fig. 35.

sur cette ligne, placez en O le centre du rapporteur et son diamètre sur OA ; marquez par un point sur le dessin la division b du rapporteur correspondant au nombre de degrés donné ; puis, enlevant le rapporteur, joignez ce point au point O, et vous aurez l'angle demandé BOA.

Si l'angle est donné tout tracé BAC (fig. 36) et si l'on veut faire au point D de la ligne DE un angle égal à l'angle A, du

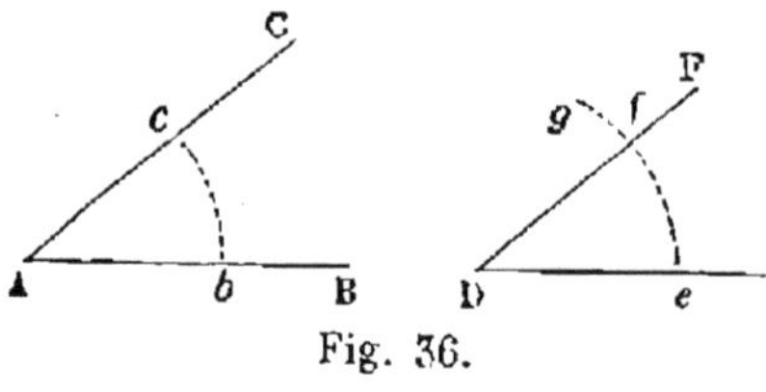

Fig. 36.

point A comme centre avec un rayon quelconque décrivez l'arc bc compris entre les côtés de l'angle ; décrivez un autre arc ef avec le même rayon, du point D comme centre. Mesurez avec le compas la corde bc et portez cette distance de e en f sur le second arc ; joignant Df, vous aurez un angle EDF qui sera égal à BAC, car les cordes bc, fe étant égales dans les cercles de même rayon, les arcs sont égaux et par suite les angles.

38. Enfin on peut employer pour le même objet un instrument particulier qu'on appelle *fausse équerre* (fig. 36). Il se compose de deux règles pouvant tourner à frottement autour du même axe, comme les branches d'un compas, et faire entre elles un angle aussi petit ou aussi grand que l'on veut. On applique le bord intérieur ou extérieur de l'une des règles sur l'un des côtés de l'angle, puis on ouvre ou ferme l'autre règle jusqu'à ce qu'elle s'applique sur l'autre côté de l'angle, en faisant glisser l'instrument si cela est nécessaire. L'angle est alors *levé* et on peut, en transportant l'instrument, tracer un angle égal où l'on voudra. Les menuisiers en font souvent usage ; par exemple, si

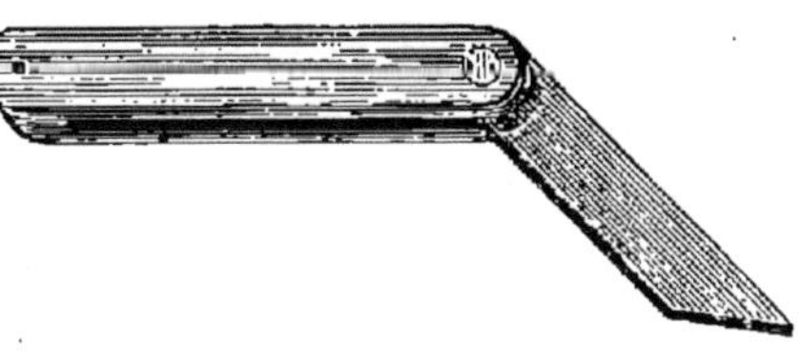

Fig. 37.

l'on veut établir une tablette dans une encoignure, on applique les deux branches de l'instrument sur les faces de l'encoignure, et la tablette coupée d'après l'instrument s'adaptera parfaitement dans l'encoignure : c'est ce qu'on appelle faire une *fausse coupe*. Une construction très-simple donne immédiatement deux angles égaux. Ainsi :

Deux lignes droites qui se coupent font quatre angles deux à deux égaux et opposés par le sommet.

39. Deux angles sont dits *opposés* par le sommet (fig. 38) quand les côtés de l'un AOC sont les prolongements des côtés de l'autre DOB. Ayant placé le centre du rapporteur en O, appliquez son diamètre sur OC ; vous verrez par exemple que l'angle AOC est de 56°, et par conséquent l'angle AOD sera de 180° moins 56° ou 124°. Faites tourner le rapporteur de façon à appliquer son diamètre sur OA, l'angle AOD étant de 124°, l'angle DOB devra être de 180° moins 124° ou de 56° ; donc il est égal à l'angle AOC.

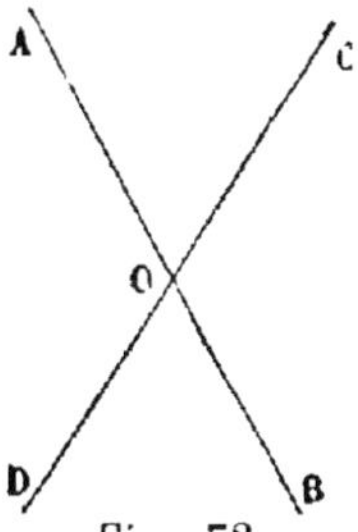

Fig. 38.

De même l'angle AOD est égal à l'angle COB.

40. Le compas d'épaisseur décrit plus haut (fig. 29) est construit de façon que les deux pointes A et B d'une même branche sont en ligne droite avec le centre de l'axe autour duquel elle tourne; les rayons menés des pointes au centre font donc entre eux deux angles toujours égaux comme opposés de sommet; de plus, les distances des extrémités des pointes au centre étant égales, il en résulte que la distance de deux pointes voisines A' et A est exactement égale à la distance des pointes opposées B' et B. Si donc on a mesuré avec l'instrument le diamètre d'un disque plein, on a entre les deux autres pointes le diamètre du creux dans lequel il serait exactement enchâssé. On voit aussi que la distance des pointes libres donne celle des deux autres, ce qui est souvent utile.

Les ouvriers qui travaillent le bois, la pierre et les métaux, les dessinateurs de plans de machines, emploient sans cesse les tracés précédents pour transporter les angles d'un tableau sur un autre, d'une épure sur la pièce qu'ils façonnent, etc.

41. Cela tient au fréquent usage que l'on fait de la ligne droite, et une ligne droite se trouve généralement limitée par une autre ligne droite qui fait avec elle un certain angle. La mesure des angles devrait donc être aussi fréquente que celle des lignes; s'il n'en est pas ainsi, c'est que l'angle de deux lignes est le plus souvent un angle de 90° ou un angle droit. Tel est l'angle que présentent les deux bords d'une feuille de papier, d'une vitre, d'un cadre, d'une porte, etc. Aussi a-t-on pour le tracé des angles droits des instruments particuliers dont il va être question.

PERPENDICULAIRES

42. Lorsqu'une ligne droite CD en rencontre une autre AB (fig. 59) de façon à former deux angles égaux COA, COB, nous avons dit que chacun de ces angles s'appelait un *angle droit;*

ajoutons que la ligne OC est dite *perpendiculaire* sur AB ; il en
est de même de son prolongement, car les
deux autres angles formés, étant opposés
de sommet aux premiers, sont aussi
égaux ; ainsi les quatre angles sont des
angles droits et on dit que les droites
sont *perpendiculaires* l'une à l'autre ou
se coupent *à angle droit*, ou encore
qu'elles sont d'*équerre*, et voici pourquoi.

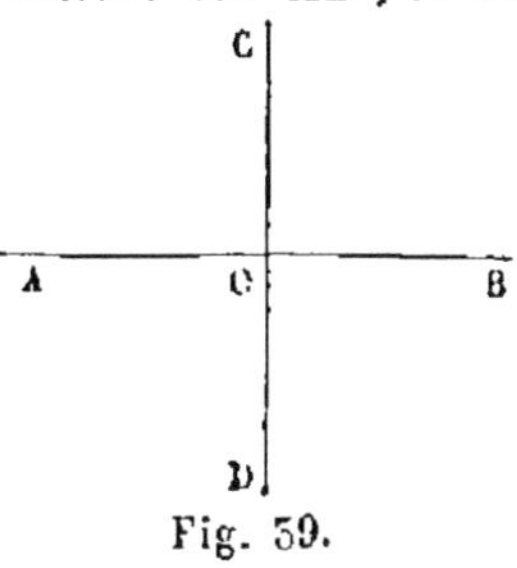
Fig. 39.

43. Prenez une feuille de papier (fig. 40), pliez-la en deux,
le pli formera une ligne droite AB ; pliez-la de nouveau en super-
posant exactement les deux
parties de la ligne AB, la
feuille pliée en quatre pré-
sentera une droite OC exactement perpendiculaire sur
OA. Vous pourrez, en sui-

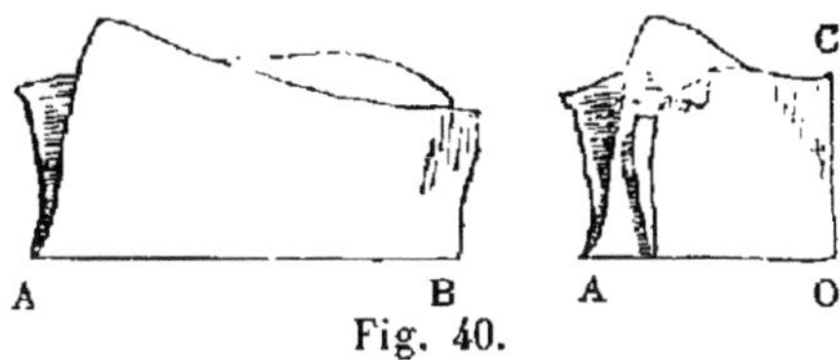
Fig. 40.

vant le bord du papier avec un crayon, tracer où vous voudrez
un angle droit ; vous aurez en main une
équerre, un peu fragile il est vrai, mais
on pourra faire avec une planchette
mince un angle exactement égal et on
aura l'*équerre* (fig. 41) dont on fait continuellement usage dans le dessin pour
tracer des perpendiculaires.

Fig. 41.

Tracé des perpendiculaires avec l'équerre simple.

44. 1° Par un point M donné sur une droite AB mener une
perpendiculaire à cette ligne (fig. 42.)
— Placez l'équerre de façon que l'un
des côtés de l'angle droit coïncide avec
la ligne AB et que le sommet de l'angle
droit soit au point M, la ligne tirée
le long de l'autre côté de l'angle droit
sera la perpendiculaire.

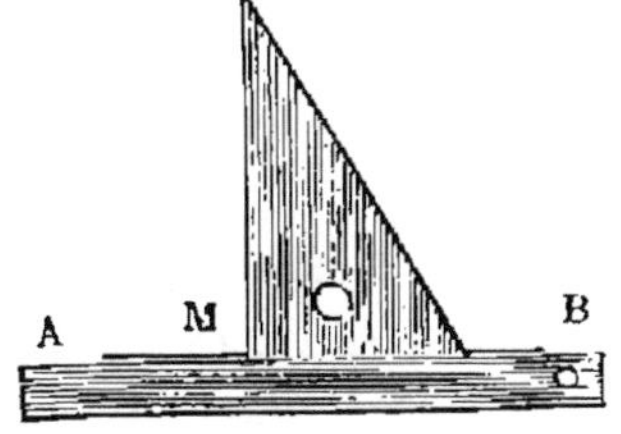

2° Par un point donné hors d'une droite, mener une perpendiculaire à cette droite. — Opérez de la même manière en amenant le deuxième côté de droit de l'équerre à passer par le point M.

On rend ces deux opérations plus faciles à l'aide d'une règle que l'on applique le long de AB et contre laquelle on fait glisser l'un des côtés de l'angle droit de l'équerre (fig. 42). Cette précaution est particulièrement utile lorsqu'on doit mener un grand nombre de perpendiculaires à une même ligne.

Équerre du charpentier, du tailleur de pierres, du dessinateur et du menuisier. — Leur vérification.

43. L'équerre est un instrument qui doit être construit avec beaucoup de soin et de façon que l'angle droit reste aussi invariable que possible. La précision et le fini des ouvrages dont les pièces sont assemblées d'équerre l'exigent. La construction de l'équerre doit être appropriée aux diverses conditions dans lesquelles elle est employée.

L'équerre du dessinateur (fig. 41) est la plus simple ; vient ensuite l'équerre du tailleur de pierres : elle est formée de deux lames de fer soudées à angle droit et ajustées de façon que leurs bords, soit intérieurs, soit extérieurs, présentent exactement un angle droit.

Les menuisiers emploient, pour *corroyer* le bois, une équerre semblable en acier, mais plus petite (fig. 43); l'une

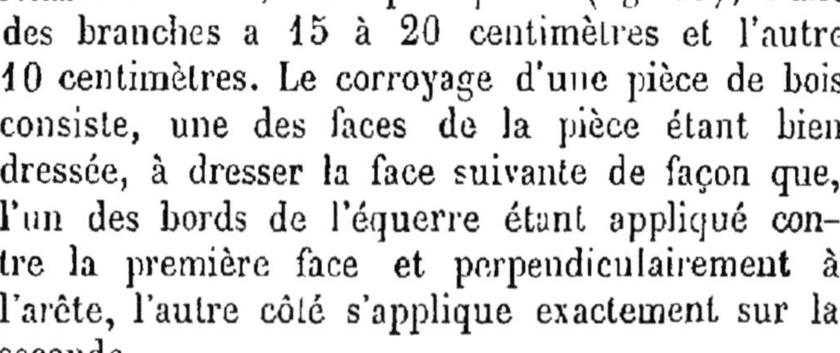

des branches a 15 à 20 centimètres et l'autre 10 centimètres. Le corroyage d'une pièce de bois consiste, une des faces de la pièce étant bien dressée, à dresser la face suivante de façon que, l'un des bords de l'équerre étant appliqué contre la première face et perpendiculairement à l'arête, l'autre côté s'applique exactement sur la seconde.

Fig. 43.

Les menuisiers emploient pour l'assemblage des pièces, le tracé des tenons et mortaises, l'*équerre à tracer*. C'est une équerre en bois (fig. 44) formée de deux parties, la *lame* L et la *tige* T, plus épaisse, qui porte un enfourchement pour recevoir la lame que l'on colle et que l'on ajuste soigneusement.

Pour tracer, on fait glisser le long de la pièce le bord de la tige, que l'on tient à la main jusqu'à ce que l'équerre ait la position voulue.

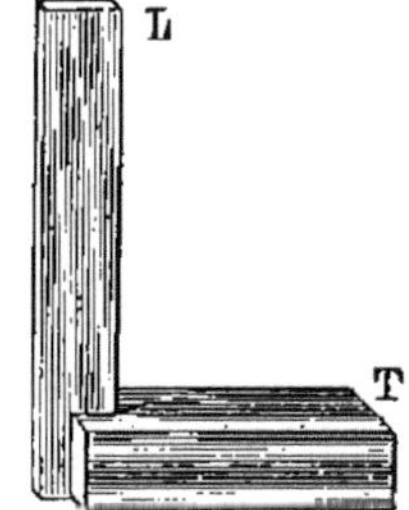

Fig. 44.

La vérification la plus simple d'une équerre consiste à la comparer à une équerre type en métal très-exacte. A défaut de ce type, voici comment on procède. Supposons qu'on veuille vérifier l'équerre à dessin. On s'assurera d'abord que ses côtés sont bien droits, on appliquera l'un d'eux contre une règle bien droite posée sur un plan (fig. 45), et sur ce plan on tracera une ligne droite en suivant exactement le bord droit libre de l'équerre; sans déranger la règle on fera tourner l'équerre autour de cette ligne et on l'appliquera encore contre le bord de la règle, de sorte que l'équerre

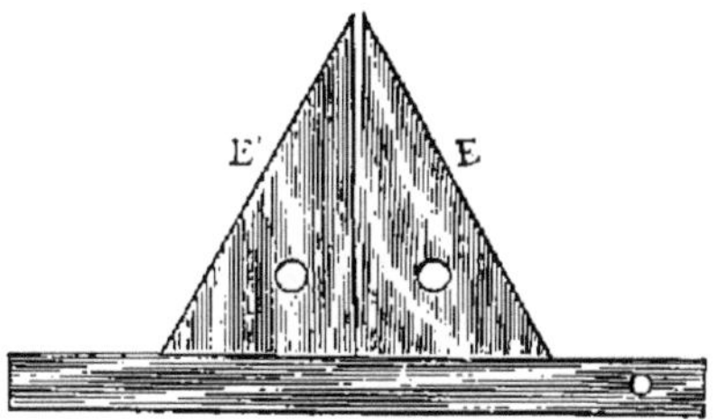

Fig. 45.

passera de la position E à la position E'; si le bord de l'équerre coïncide de nouveau avec la ligne tracée, l'équerre est exacte. La figure 45 représente l'épreuve pour une équerre qui n'est pas juste, la somme des deux angles E, E' ne donnant par 180°, puisqu'il reste encore un petit angle. Ces deux angles, d'ailleurs égaux, sont chacun inférieurs à 90°.

Tout point d'une perpendiculaire élevée au milieu d'une droite est à égale distance des extrémités.

46. Soit AB une droite, DC la perpendiculaire élevée au milieu de la droite et M un point de la perpendiculaire (fig. 46). Si on fait tourner l'angle MDB autour de MD comme charnière, la ligne DB s'appliquera sur DA puisque les deux angles droits sont égaux, et le point B tombera en A puisque D est le milieu de la droite; donc la distance MB est égale à la distance MA. Un point P pris hors de la perpendiculaire n'est pas à égale distance des points A et B ; car si nous menons PA, PB et si nous joignons au point B le point M où PA coupe la perpendiculaire, on voit que la ligne droite PB est plus courte que la ligne brisée PMB ou que son égale PMA.

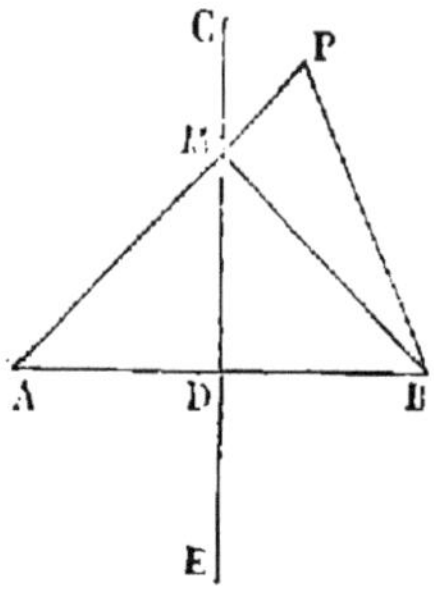

Ainsi tout point marqué à égale distance de A et B appartient à la perpendiculaire menée au milieu de AB. Cette perpendiculaire est dite le *lieu géométrique* des points du plan à égale distance des extrémités de la droite.

Cela signifie que les points du plan à égale distance des extrémités de la droite sont tous sur cette perpendiculaire et en tout point de cette ligne.

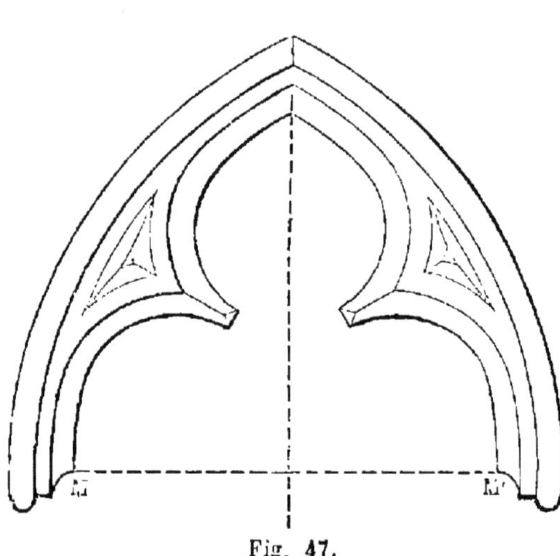

Fig. 46.

Cette perpendiculaire est l'axe de symétrie de la droite.

47. Voici ce qu'il faut entendre généralement par *figures symétriques* et *axes de symétrie*. Tracez à l'encre sur une feuille de papier une ligne quelconque ; pliez la feuille en deux de façon à imprimer la ligne tracée. Le pli de la feuille forme une ligne droite qu'on appelle l'axe de symétrie de la figure totale et les deux figures sont dites symétriques par rapport à cet axe. Elles sont telles qu'une

Fig. 47.

perpendiculaire à l'axe de symétrie les rencontre en des points M, M' situés deux à deux à égale distance de l'axe.

La figure 47 a un axe de symétrie, la figure 51 en a deux.

Élever une perpendiculaire à une droite.

48 Supposons qu'il s'agisse d'élever une perpendiculaire en un point M, milieu d'une droite *ab* (fig. 48). Des points *a* et *b* comme centres avec le même rayon, mais plus grand que *a*M, décrivez deux arcs de cercle qui détermineront par leur intersection un point N. Ce point sera à égale distance des points *a* et *b*; si donc on le joint au point M, on aura la perpendiculaire demandée. Si on donne sur une droite AB

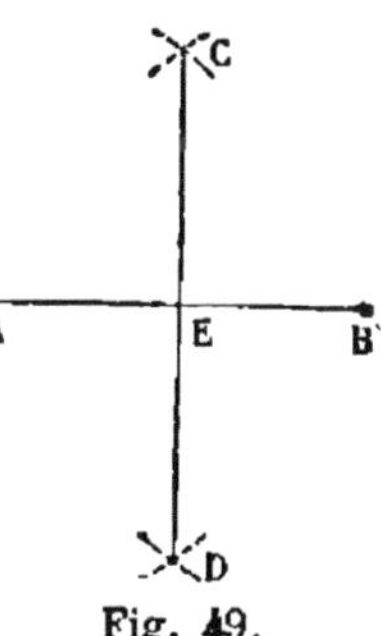

Fig. 48.

un point qui ne soit pas en son milieu, on se donnera d'abord avec un compas deux points *a* et *b* de la droite qui soient à égale distance du point donné, et on sera ramené à construire une perpendiculaire au milieu d'une droite *ab*.

Trouver le milieu d'une droite ou diviser une droite en deux parties égales.

49. Soit la droite AB (fig. 49) ; des points A et B comme centres avec le même rayon, mais plus grand que la moitié de AB, décrivez deux cercles; ces deux cercles se couperont en deux points C et D ; chacun d'eux séparément est à égale distance des extrémités de la droite, donc la ligne CD qui les joint est la perpendiculaire au milieu E de la droite ; vous obtiendrez donc ce point milieu en joignant les points C et D.

Fig. 49.

D'un point donné hors d'une droite abaisser une perpendiculaire sur cette droite.

50. Soit M le point donné hors de la droite (fig. 50); de ce point comme centre, décrivez un cercle avec un rayon assez grand pour qu'il rencontre la droite en deux points *a* et *b*. Le point M, étant à égale distance des deux points, appartient à la perpendiculaire menée au milieu de *ab*; déterminez encore un point N de cette perpendiculaire par la construction déjà indiquée (§ 49) et, joignant les deux points M et N, vous aurez la perpendiculaire demandée.

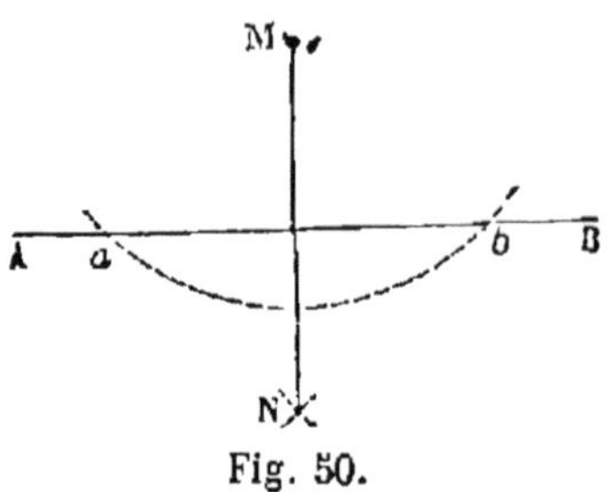

Fig. 50.

A l'extrémité d'une droite que l'on ne peut prolonger, élever une perpendiculaire à cette droite.

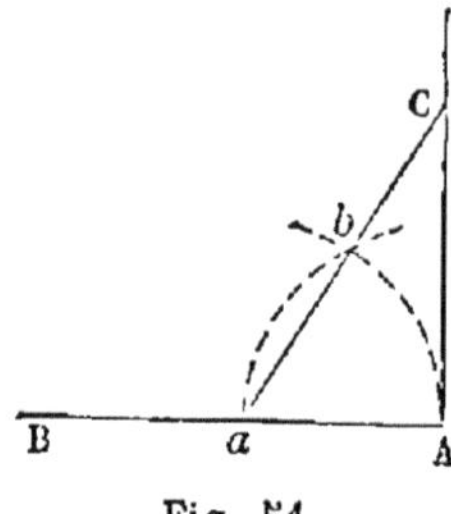

Fig. 51.

51. Soit AB la droite donnée (fig. 51); de l'extrémité A décrivez un arc de cercle *ab* qui coupe la droite AB au point *a*; avec le même rayon décrivez du point *a* comme centre un autre arc qui coupe le premier en *b*, tracez la ligne *ab* et prolongez-la d'une longueur *b*C égale à *ab*; joignez CA, vous aurez la perpendiculaire demandée. Cette construction sera démontrée plus loin.

Tracer une perpendiculaire avec le Té. Vérification du Té.

52. Le *té* est une sorte d'équerre double (fig. 52), dont on fait usage dans le dessin pour le tracé des perpendiculaires aux côtés de la planchette; on l'emploie comme l'équerre à tracer du menuisier. La lame du *té* doit avoir environ la

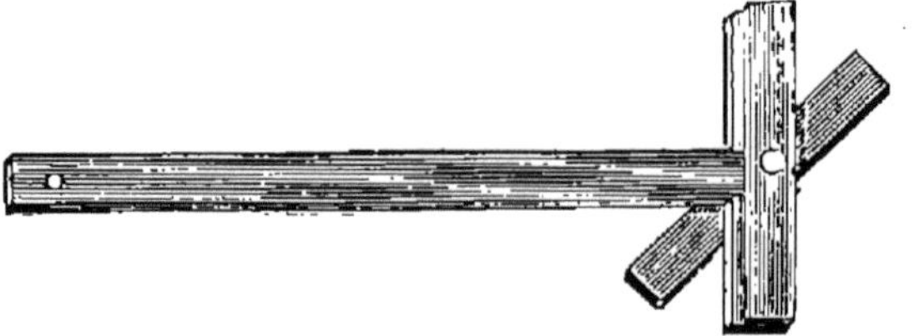

Fig. 52.

longueur de la planchette; sa tige porte ordinairement une *feuillure* qui affleure la lame et par laquelle elle s'appuie sur la planchette. Pour qu'un *té* soit juste, il faut : 1° que la lame soit bien droite de chaque côté ; 2° qu'elle ait aux deux bouts la même largeur ; 3° que la lame soit bien d'équerre sur le bord de la feuillure. Ces conditions doivent être vérifiées successivement et nous avons vu comment on pouvait le faire. La manière la plus simple de vérifier la dernière est d'y employer une équerre juste. La tige du *té* porte quelquefois une autre pièce dont il sera question plus loin.

Une horizontale et une verticale sont perpendiculaires entre elles.

53. Par un point donné dans l'espace on peut mener autant de lignes droites distinctes que l'on veut ; celle que détermine un fil à plomb suspendu au point considéré s'appelle la *verticale* en ce point. Toute ligne menée à angle droit sur la verticale s'appelle une *horizontale* ; en un point on en peut mener autant que l'on veut. Appuyez en effet l'un des côtés de l'équerre contre un fil à plomb, l'autre côté sera horizontal (fig. 53). Une règle qui flotte sur une eau tranquille est horizontale. Les gonds sur lesquels tourne une porte sont sur une ligne verticale ; il en résulte que

Fig. 53.

le bord inférieur de la porte est horizontal et reste constamment horizontal dans son mouvement.

Niveau d'eau.

54. La surface de l'eau étant horizontale quelle que soit la forme du vase qui la contient, on s'est servi de cette propriété pour déterminer une ligne horizontale. Prenez un vase allongé, une auge dont les parois soient planes. Si les parois sont transparentes, on verra parfaitement la ligne droite déterminée par l'intersection du plan de la surface de l'eau avec le plan de la

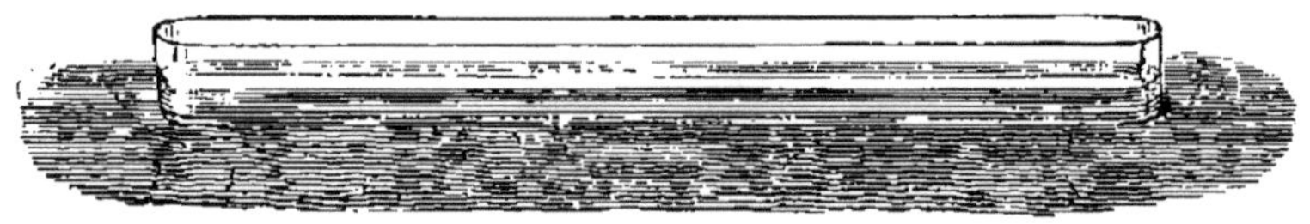

Fig. 54.

paroi et cette ligne droite est horizontale. Elle est d'ailleurs déterminée si on en voit les extrémités : on peut dès lors couvrir la partie moyenne du vase; altérons encore un peu cette forme et nous obtenons ce vase de forme singulière qu'on appelle un *niveau d'eau* et qui est composé de trois parties, un tube de fer-blanc, un peu plus gros et un peu plus long qu'une canne, terminé à angle droit par deux tubes de verre d'un diamètre à peu près double (fig. 55). Ce vase étant rempli d'eau suffisam-

Fig. 55.

ment pour qu'on l'aperçoive dans les deux tubes de verre sans qu'elle s'épanche, une ligne droite qui rase la surface de l'eau dans les deux tubes est une horizontale. Le tube peut se monter sur un pied qui élève le niveau d'eau à peu près à la hauteur de l'œil et autour duquel on peut le faire tourner. Si on s'éloigne un peu de l'instrument et si on se place de façon que l'un des tubes soit partiellement caché par l'autre et que les deux surfaces liquides semblent n'en faire qu'une, les objets que l'on apercevra dans la même direction seront dans un même plan horizontal, quelle que soit la direction donnée au niveau, en le faisant tourner autour de son pied.

Usage fréquent des perpendiculaires, etc.

55. La nécessité de placer verticalement ou horizontalement un grand nombre de pièces, soit pour la construction des habitations, soit pour celle des machines, des meubles, etc., la symétrie des contours simples obtenus par l'emploi de l'angle droit, expliquent le fréquent usage que l'on fait de cet angle. L'arête d'un mur est à angle droit sur le sol; les deux lignes qui dessinent l'angle du mur sont généralement d'équerre; les pieds d'une table étant verticaux et la table, par son usage même, devant être horizontale, les pieds sont placés d'équerre sur la table; ses côtés sont aussi d'équerre. On a recours continuellement aux perpendiculaires dans la menuiserie, parce que les diverses pièces d'un châssis, d'une porte, etc., sont généralement assemblées à angle droit. Dans la taille des pierres que l'on place par lits horizontaux pour construire un mur et dont les arêtes sont verticales, l'équerre est sans cesse dans les mains de l'ouvrier. L'emploi des métaux en feuilles, des tôles, des fers-blancs dont on fait un grand nombre d'ustensiles et de pièces de toutes sortes, exige à chaque instant l'usage des perpendiculaires. Enfin elles sont employées d'une manière toute spéciale dans le dessin des plans d'architecture, dans les épures de la géométrie descriptive, ainsi que cela sera expliqué plus tard.

OBLIQUES

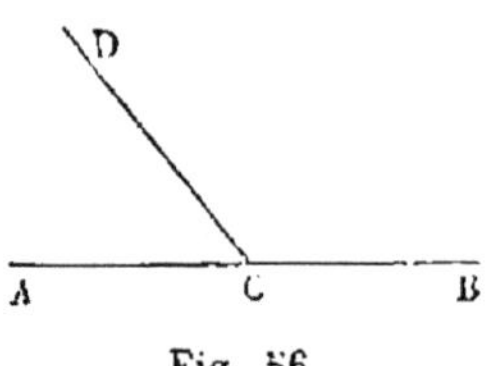

Fig. 56.

56. Une ligne droite qui en rencontre une autre et qui fait avec elle des angles inégaux est dite *oblique* à celle-ci (fig. 56). On voit que l'oblique n'a pas une position définie comme la perpendiculaire.

Une droite oblique sur une autre fait avec celle-ci deux angles dont la somme égale deux angles droits.

La somme des mesures de ces deux angles donne en effet 180° ou deux fois 90°; la somme des deux angles vaut donc deux angles droits.

Toute oblique menée d'un point à une droite est plus longue que la perpendiculaire menée du point à la droite.

57. Soit O le point donné (fig. 57), AB la droite donnée, et OD une oblique; menons la perpendiculaire OC et prolon-

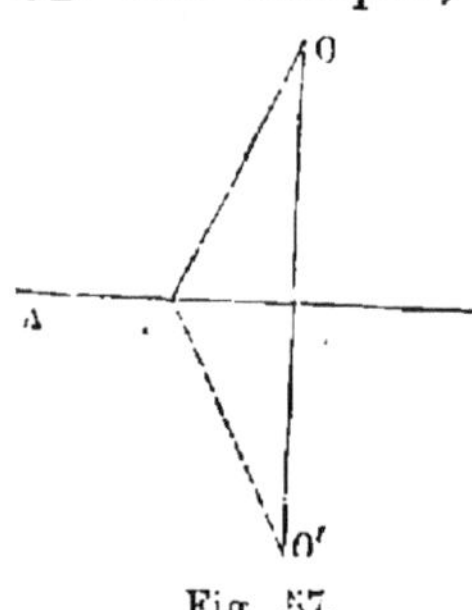

Fig. 57.

geons-la d'une longueur CO′ égale OC, enfin joignons DO′. Les deux lignes OD, O′D sont égales, car elles sont les distances, aux extrémités d'une droite OO′, d'un point D situé sur la perpendiculaire AC au milieu C de cette droite. Or la droite OO′ est plus courte que la ligne brisée ODO′, donc la moitié OC de la première est plus petite que la moitié OD de la seconde, d'où l'on conclut que :

La perpendiculaire est le plus court chemin pour aller d'un point à une droite.

58. Si d'un point situé dans la plaine on veut gagner une route droite par le plus court chemin, il faut suivre la perpendiculaire menée du point à la droite.

D'un point O situé sur un talus (fig. 13), le chemin le plus court pour atteindre le bas de ce talus est la perpendiculaire OP au bord horizontal du talus : c'est la *ligne de plus grande pente*[1] du talus.

59. Supposez-vous placé sur le penchant d'une colline : si vous voulez descendre dans la plaine en suivant une ligne droite, le chemin le plus court sera celui dont la pente sera la plus grande. En d'autres termes :

La ligne de plus grande pente en un point d'un terrain est la perpendiculaire menée en ce point sur la droite horizontale qu'on y peut tracer.

C'est la ligne que commence à suivre une source qui descend la colline, c'est encore celle que suit une bille placée sur un plan incliné lorsqu'on l'abandonne à elle-même. Si, pour des raisons de solidité, il n'était nécessaire de faire verticaux les supports d'un grand nombre de pièces de construction, une raison d'économie conduirait encore à adopter cette disposition ; car des supports obliques, étant plus longs, exigent une plus grande quantité de matière.

Deux obliques dont les pieds s'écartent également du pied de la perpendiculaire sont égales.

60. Car elles représentent (fig. 58) les distances du point C, situé sur la perpendiculaire au milieu D de la droite EF, aux extrémités de cette droite; donc elles sont égales.

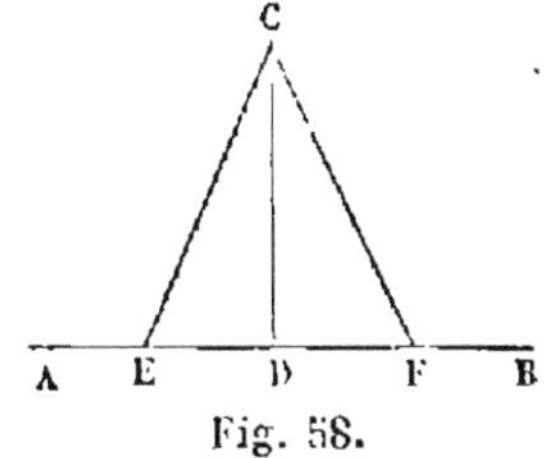

Fig. 58.

De deux obliques, celle dont le pied s'écarte le plus du pied de la perpendiculaire est la plus longue, et réciproquement.

61. Soient les deux obliques CE, CF (fig. 59); élevons une

---

[1] Voir la *Géométrie dans l'espace* pour les explications qui ne peuvent trouver place ici.

perpendiculaire au milieu G de EF et joignons HE; on a HF
égale HE. Or la ligne droite CE est plus courte que la ligne brisée CHE ou que son égale CHF.

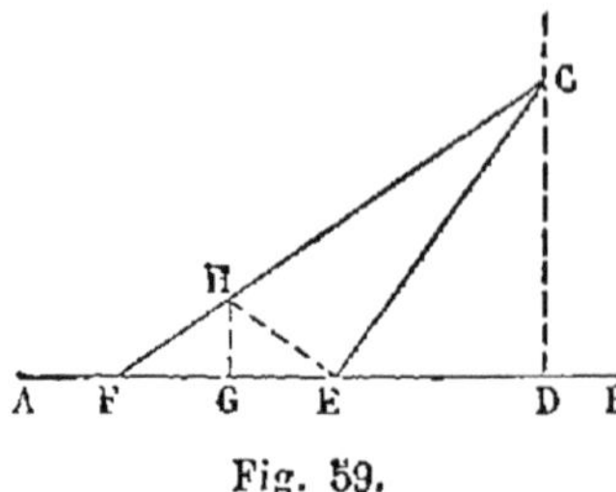

Fig. 59.

Et réciproquement l'oblique la plus longue est celle qui s'écarte le plus; car si elle s'écartait moins, elle serait plus petite que la première, et si elle s'écartait autant, elle lui serait égale; il faut donc bien que ce soit celle qui s'écarte le plus.

D'un point on ne peut mener à une droite donnée plus de deux
droites égales.

62. Car une troisième droite serait plus ou moins écartée que l'une des deux premières du pied de la perpendiculaire menée de ce point sur la droite, et par conséquent serait plus grande ou plus petite qu'elle.

63. Ce qui précède suppose que *d'un point hors d'une droite on ne peut mener qu'une perpendiculaire à cette droite.* Ce que nous considérons comme évident.

Tracer une perpendiculaire à une ligne donnée sur le terrain.

64. Lorsqu'on veut élever une perpendiculaire à une ligne tracée sur le terrain, par exemple tracer dans un jardin une allée qui soit à angle droit sur une autre, on ne peut songer à employer ni équerre ni compas.

Si le point est donné sur la ligne, marquez deux points de cette ligne à égale distance du point donné; en ces points fixez par ses extrémités une corde dont vous avez marqué le milieu en la doublant, tendez la corde et marquez la position de son milieu, vous aurez un second point de la perpendiculaire cherchée qui sera déterminé.

Si le point est donné hors de la ligne, fixez en ce point le milieu de la corde, amenez ses extrémités sur la ligne donnée, fixez-les; puis raccourcissant la corde en la doublant, marquez au point de rencontre de ses deux parties autant de points que vous voudrez de la perpendiculaire cherchée.

65. Cette propriété des obliques également distantes du pied de la perpendiculaire d'être égales offre un moyen de vérification commode du tracé des perpendiculaires. Il ne faut pas négliger de la faire, car le dommage qui peut résulter d'un tracé incorrect est souvent difficile à réparer. On prendra donc sur la ligne, à partir du pied de la perpendiculaire, deux points à égale distance de ce pied et on s'assurera qu'un point de la perpendiculaire tracée est bien à la même distance des deux premiers. C'est ainsi que les charpentiers vérifient leurs perpendiculaires.

Du niveau de maçon. Sa vérification.

66. Le niveau de maçon (fig. 60) semble, par sa construction, fondé sur les propriétés des obliques, mais en fait son mode de construction assure seulement sa solidité et n'entre pour rien dans son emploi.

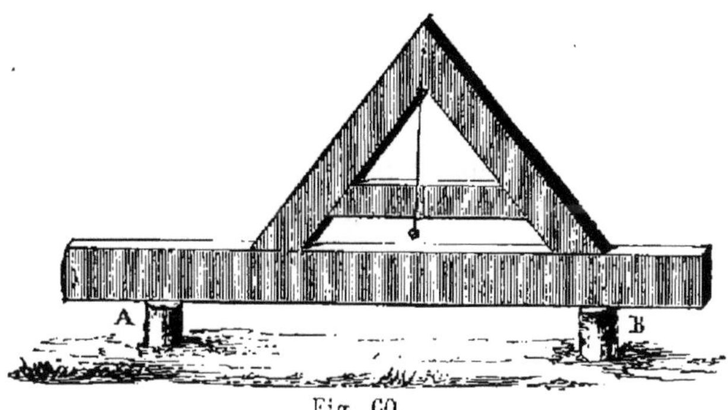

Fig. 60.

Prenez une planche bien dressée sur l'un de ses côtés AB (fig. 61); tracez une perpendiculaire CD à ce côté; en un point C de cette perpendiculaire fixez un fil à plomb dont le plomb peut osciller dans un évidement pra-

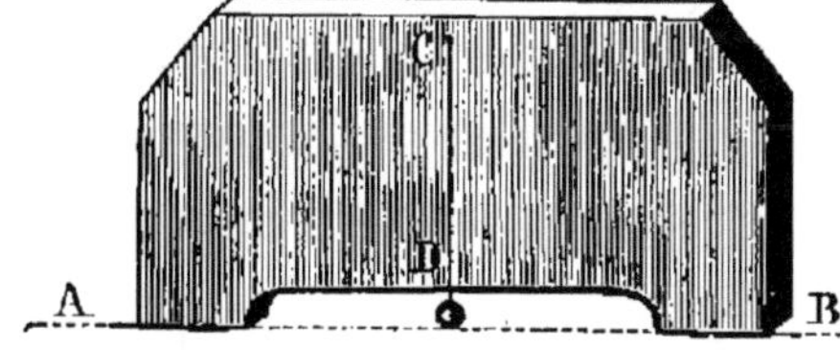

Fig. 61.

tiqué dans la planche, et vous aurez un niveau de maçon. Placez la planche sur champ : si le bord inférieur est bien horizontal, le fil à plomb, qui est vertical, recouvrira la perpendiculaire, qu'on nomme pour cette raison la *ligne de foi*. On voit dans la figure 60 le niveau de maçon appliqué à reconnaître si un pieu B que l'on enfonce dans le sol est de niveau avec le pieu A ; la figure montre que ce résultat n'est pas encore atteint, car le fil à-plomb n'est pas sur la ligne de foi, et comme il est à gauche de cette ligne, il faut baisser à droite, c'est-à-dire enfoncer le pieu B davantage. Dans l'emploi du niveau, il faut avoir soin de le pencher en avant de temps en temps pour que le fil à plomb puisse bien prendre sa direction propre.

Pour savoir si une pierre est de niveau, on place sur champ, dans diverses directions, une règle sur la pierre et le niveau sur la règle ; si le fil à plomb tombe toujours sur la ligne de foi, la surface de la pierre est bien horizontale ; sinon il faut caler la pierre de manière à arriver à ce résultat. L'usage fréquent de cet instrument produit une prompte et inégale usure de ses diverses parties, il faut donc le vérifier et le corriger.

On pourrait le vérifier et corriger tout à la fois en abaissant de nouveau une perpendiculaire du point fixe sur sa base. On se borne à le placer sur une règle que l'on cale, jusqu'à ce que le fil à plomb recouvre la ligne de foi, puis on retourne le niveau ; si le fil recouvre encore la ligne de foi, le niveau est juste. Sinon il faut tracer de nouveau la ligne de foi ou en corriger la base.

PARALLÈLES

67. Deux lignes droites qui, tracées dans un même plan, ne se rencontrent pas quelque loin qu'on les prolonge, sont dites *parallèles* (fig. 62). Telles sont les deux lignes qui limitent le bord d'une règle, celles qui sont tracées sur le papier à écrire. La propriété suivante donne le moyen de tracer deux lignes parallèles sans qu'on ait besoin de les prolonger assez pour savoir si elles se rencontrent, ce qui serait d'ailleurs impossible.

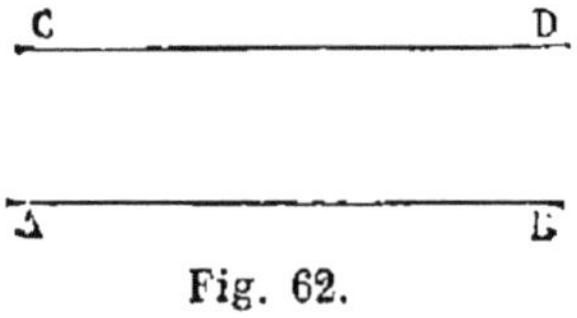

Fig. 62.

Deux droites perpendiculaires à une troisième sont parallèles.

68. Par exemple, deux fils à plomb établis sur un niveau de maçon sont parallèles. Soient AB, CD deux perpendiculaires à une même droite AC (fig. 63). Si les deux lignes AB, CD se rencontraient, on pourrait de leur point de rencontre abaisser deux perpendiculaires sur la droite AC, ce qui est impossible (§ **63**). Donc ces droites ne se rencontrent pas.

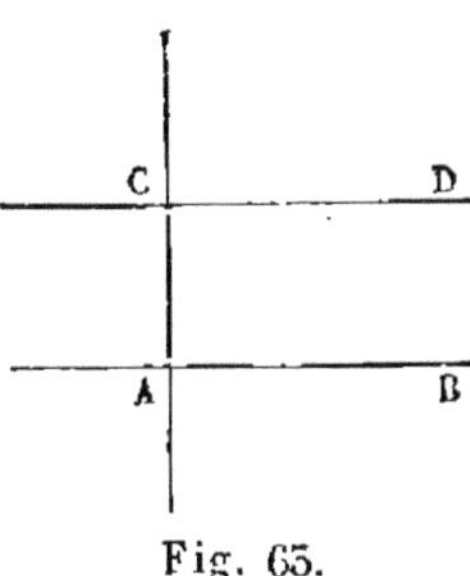

Fig. 63.

On ne peut tracer par un point qu'une seule parallèle à une droite donnée.

69. Nous admettrons cette proposition comme évidente.

Tracé des parallèles au moyen de la règle, de l'équerre et du compas.

70. D'après ce qui précède, le tracé de droites parallèles se trouve ramené au tracé de droites perpendiculaires à une même droite. On emploiera donc à ce tracé les instruments connus : règle, équerre et compas.

Supposons, par exemple, que l'on veuille tracer sur le papier une série de droites parallèles. Appliquez sur le papier une règle et contre la règle un des côtés de l'angle droit de l'équerre (fig. 64), tracez une ligne AB le long de l'autre côté ; en faisant glisser

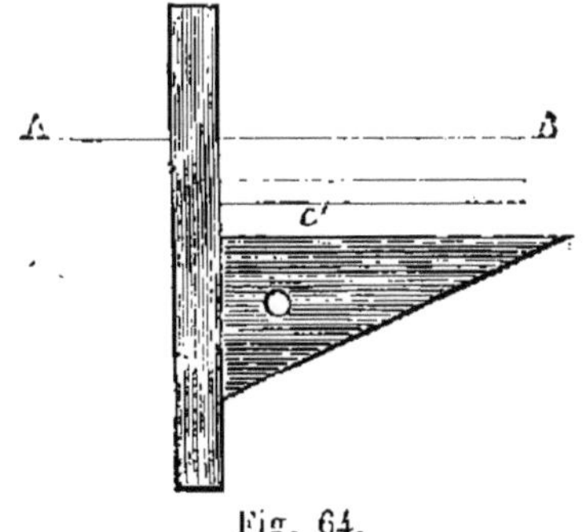

Fig. 64.

l'équerre le long de la règle, vous pourrez tracer autant de lignes parallèles que vous voudrez.

Tracer par un point marqué une parallèle à une droite donnée.

71. Soit AB la droite donnée et C le point donné (fig. 63), abaissez du point C la perpendiculaire CA sur AB et élevez sur CA au point C la perpendiculaire CD, vous aurez la parallèle demandée.

En plaçant l'équerre sur AB, puis la règle contre l'équerre, et faisant ensuite glisser l'équerre jusqu'au point C, vous tracerez rapidement la parallèle demandée.

Tracer des parallèles sur un terrain uni.

72. On procédera, comme il vient d'être dit, en modifiant convenablement les instruments, et voici comment. Ayant tracé sur le terrain une des lignes AB qui doivent être parallèles (fig. 65), menez, à l'aide du cordeau, une perpendiculaire à cette ligne par un moyen décrit plus haut ; soit CD cette perpendiculaire. Prenez une règle d'une certaine longueur que vous appliquez sur la ligne CD, de C en E, fixez une longue corde à ses deux extrémités, et ayant tendu la corde de façon qu'elle s'applique sur CB, marquez

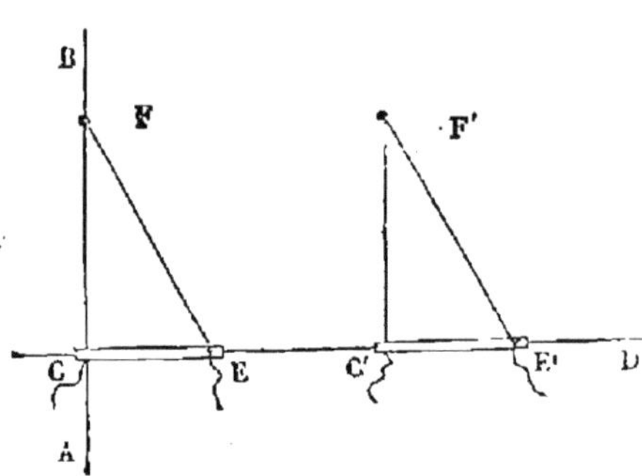

Fig. 65.

sur la corde le point F : vous avez alors une espèce de grande équerre CEF très-portative. En transportant la règle, par exemple en C' E', et tendant la corde en la tenant par le point F, ce point prend la position F' et on peut tracer le long du cordeau la droite C' F' parallèle à AB, puis la prolonger à volonté.

On expliquera (§ 80, 84 et 99) d'autres procédés pour résoudre la même question.

Toute perpendiculaire à une droite est aussi perpendiculaire sur la parallèle à cette droite.

73. Soient AB et CD deux droites parallèles (fig. 63) et soit CA perpendiculaire à AB. Si CA n'était pas perpendiculaire à la droite CD, en menant par le point C une perpendiculaire sur CA, cette droite étant parallèle à AB, on aurait par un point deux parallèles à une droite, ce qui est impossible.

Égalité des angles alternes-internes, alternes-externes et correspondants.

74. Lorsqu'une droite ou sécante EF rencontre deux droites parallèles AB, CD (fig. 66), elle forme avec ces deux droites en G et H divers angles qui portent des noms particuliers.

Les angles HGA, GHD, situés entre les parallèles et de part et d'autre de la sécante, sont dits *alternes-internes*; les angles HGB, GHC portent le même nom. Ceux qui leur sont opposés de sommet, tels que BGE, CHF, sont dits *alternes-ex-*

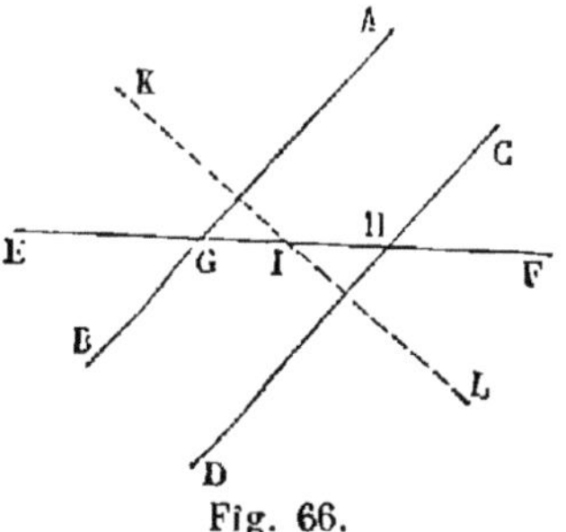

Fig. 66.

ternes. Les deux angles AGH, CHF, situés d'un même côté de la sécante, l'un entre les parallèles, l'autre en dehors, sont dits *correspondants*.

Nous allons voir que les angles de même nom sont égaux et le démontrer pour les angles alternes-internes HGA, GHD. Prenons le milieu I de GH et de ce point menons la perpendiculaire KL commune aux deux parallèles, et faisons tourner la partie IGA de la figure autour du point I comme pivot, jusqu'à ce que la droite IG vienne se placer sur son égale IH. La droite IK prendra la direction de IL, car les angles HIL, KIG sont égaux comme opposés de sommet, alors les deux droites GA, HD, issues du même point H et perpendiculaires à une même droite IL, se confondront. Donc les angles IGA, IHD sont égaux. Donc, *les angles alternes-internes sont égaux*. Si à ces deux angles égaux on ajoute IGB d'une part, et d'autre part

IHC, on obtient 180°; donc ces deux derniers sont aussi égaux. Les quatre angles formés en G sont donc égaux aux quatre angles formés en H. Tous les angles aigus sont égaux; tous les angles obtus sont aussi égaux.

Donc les angles que nous avons appelés alternes-externes sont égaux, et il en est de même de ceux que nous avons nommés correspondants.

75. La propriété réciproque est également vraie. Par exemple, si les angles correspondants CHF, AGF sont égaux, les droites HC, GA sont parallèles. Car si HC n'était pas parallèle à GA, on pourrait mener par le point H une droite qui serait parallèle à GA; elle ferait avec HF un angle égal à l'angle AGF; donc cette droite coïnciderait avec HC; donc HC est parallèle à GA.

76. C'est ici le lieu d'expliquer l'usage du té pour le tracé des parallèles (fig. 67). A cet effet une lame mobile autour d'un axe peut être assujettie à l'aide d'un écrou dans une position fixe sur la tige (fig. 52). Si on applique le bord de cette lame contre le bord de la planchette, on pourra tracer sur la planchette une série de droites qui seront toutes parallèles, puisque l'angle de la grande lame avec la petite lame ne change pas.

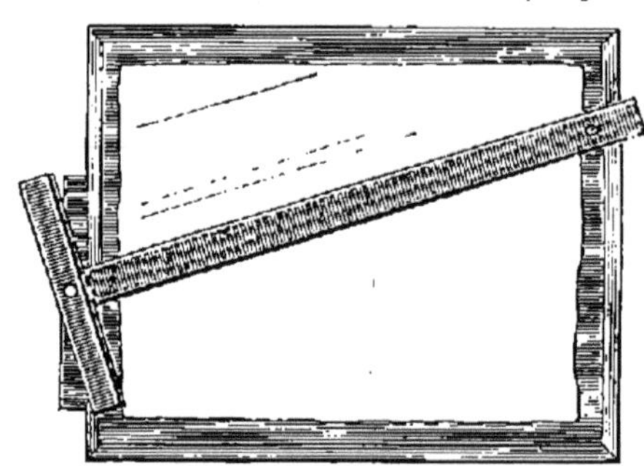

Fig. 67.

Mener par un point situé hors d'une droite une ligne qui fasse avec cette droite un angle égal à un angle déjà tracé.

77. Soit O un angle tracé (fig. 68), BC la droite donnée et A le point donné. Prenez à volonté un point D sur CB; faites un angle égal à l'angle O, ayant son sommet en D et DC pour l'un de ses côtés ; soit EDC cet angle. Menez alors par le point donné A une parallèle AB à ED, l'angle ABC sera égal à l'angle EDC comme correspondant et par conséquent égal à l'angle O.

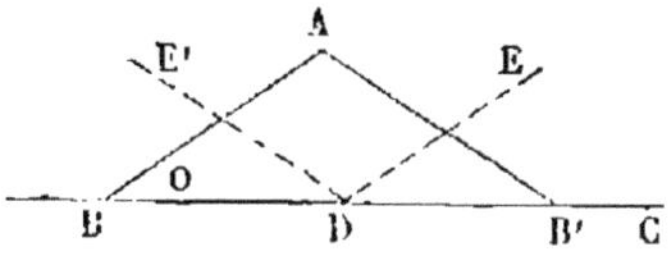

Comme on pouvait aussi mener la ligne DE′ faisant avec DB un angle égal à O, la parallèle AB′, menée à DE′ par le point A, donne aussi un angle AB′ B égal à l'angle O.

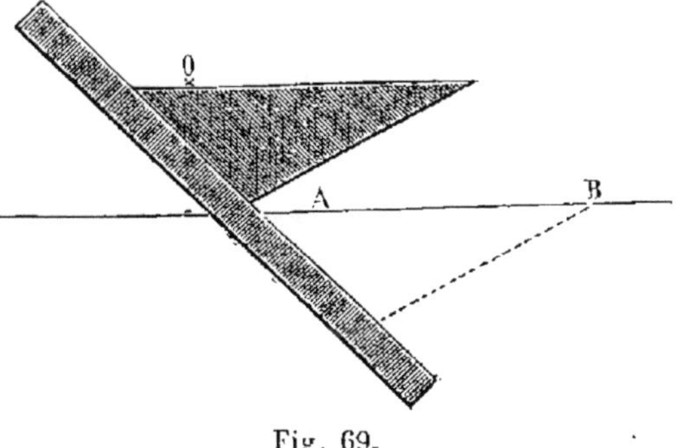

Fig. 68.

Tracer à l'aide de l'équerre par un point donné une parallèle à une droite donnée.

78. Soit O le point et AB la droite donnée (fig. 69). On emploie l'équerre pour le tracé, parce qu'on a cet instrument sous la main ; une planchette présentant seulement deux côtés bien droits remplirait également le but. Il suffit, en effet, pour effectuer ce tracé, d'appliquer un côté de la planchette sur la droite donnée et la règle sur l'autre côté, puis de faire glisser la planchette le long de la règle maintenue fixe, de façon à amener le bord libre à passer par le point donné (§ 75).

Fig. 69.

Tracer par un point donné une parallèle à une droite donnée quand on n'a pas d'équerre ou quand on ne peut en employer.

79. Soit M le point donné, et AB la droite donnée (fig. 70) ; du point M comme centre avec un rayon suffisamment grand, décrivez un arc N*b* jusqu'à la droite AB ; avec le même rayon décrivez du point *b* un autre arc *a*M ; prenez avec le compas la corde *a*M et portez-la sur *b*N à partir du point *b*, vous obtenez un point

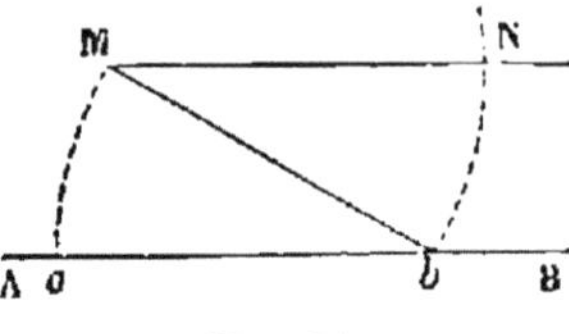

Fig. 70.

N ; joignant MN, la ligne MN sera parallèle à AB. On voit, en effet, que les deux angles M*ba*, *b*MN sont égaux, puisqu'ils correspondent à des arcs égaux dans des cercles de même rayon ; comme ils ont la position d'angles alternes-internes, les droites MN, AB sont parallèles.

Tracer des parallèles sur un terrain uni.

80. On pourra employer le procédé qui vient d'être décrit ; on emploiera seulement le cordeau au lieu du compas. Mais cela suppose, bien entendu, que le terrain est plan. Les deux bords d'une allée, d'une plate-bande, d'un champ, sont généralement des lignes droites parallèles.

Deux angles sont égaux quand les côtés de l'un sont parallèles aux côtés de l'autre et dirigés dans le même sens.

81. Soient les deux angles BAC, EDF (fig. 71). Prolongeons

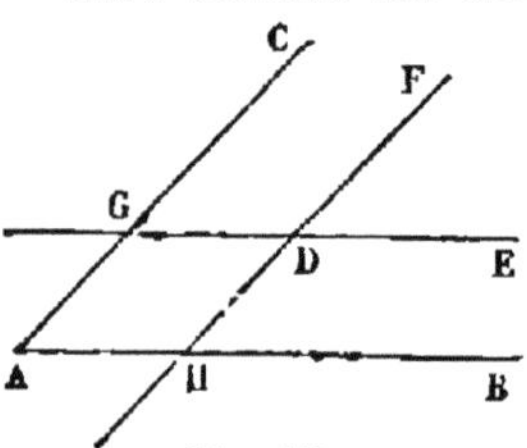

Fig. 71.

FD jusqu'en H, les angles FDE, FHB sont égaux comme correspondants ; il en est de même des angles FHB, CAB ; donc les angles FDE, CAB, égaux chacun à un même angle FHB, sont égaux entre eux.

Les angles BAC, GDH, qui ont leurs côtés parallèles et de sens contraire, sont aussi égaux.

Deux parallèles terminées à deux droites parallèles sont égales, et réciproquement.

82. En effet, soient les parallèles AB, CD et les parallèles BC ; je dis que les parties AB, CD sont égales ; en effet, pre-

nons la figure ABD et retournons la droite BD bout pour bout,
de façon à placer le point D en B (fig. 72)
et le point B en D, l'angle ABD étant
égal à l'angle CDB comme alternes-internes, la ligne BA s'appliquera sur DC;
de même la ligne DA s'appliquera sur
BC et par conséquent le point A tombera en C; donc AB est
égal à CD et aussi AD égale CB.

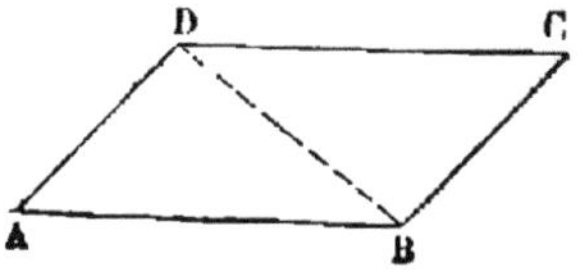

Fig. 72.

83. Réciproquement, si deux droites AB, CD sont égales et
parallèles, les lignes qui joignent leurs extrémités sont égales et
parallèles. Car, si AD n'était pas parallèle à BC, on pourrait
mener par A une droite parallèle à BC, qui, devant déterminer
sur CD une largeur égale à AB, se confondra nécessairement
avec AD.

Deux parallèles sont partout à la même distance l'une de l'autre.

84. La distance de deux parallèles se mesure par la distance
d'un point de l'une à l'autre.

Or, les lignes qui mesurent cette distance étant des perpendiculaires communes aux deux droites, sont toutes parallèles,
et, d'après ce qui vient d'être dit, elles sont égales. Cette propriété est souvent utilisée pour le tracé des parallèles : elle permet de construire très-simplement deux points de la parallèle à
tracer.

Deux droites parallèles à une troisième sont parallèles entre elles.

85. Car elles sont toutes deux perpendiculaires à une même
droite qui est la perpendiculaire à la troisième droite donnée
(§ 68.)

Les propriétés qui précèdent reçoivent de fréquentes applications. Ainsi, dans le dessin on se sert souvent de la propriété
établie au § 81 pour faire en un point un angle égal à un angle
donné. Les menuisiers, les tailleurs de pierres effectuent sou-

vent cette construction simple, puisqu'elle se réduit au tracé de deux parallèles aux côtés de l'angle mené par le point donné.

Du trusquin : son emploi, sa vérification.

86. La propriété établie § 83 permet aux menuisiers de mener une parallèle à une ligne donnée, mais on applique plus ordinairement celle qui en a été déduite, savoir, que : deux parallèles sont partout également distantes. Par exemple, l'un des côtés d'une planche étant dressé, pour couper l'autre côté parallèlement au premier, le menuisier prend sur un petit bâton, à partir d'une extrémité, une longueur égale à la largeur qu'il

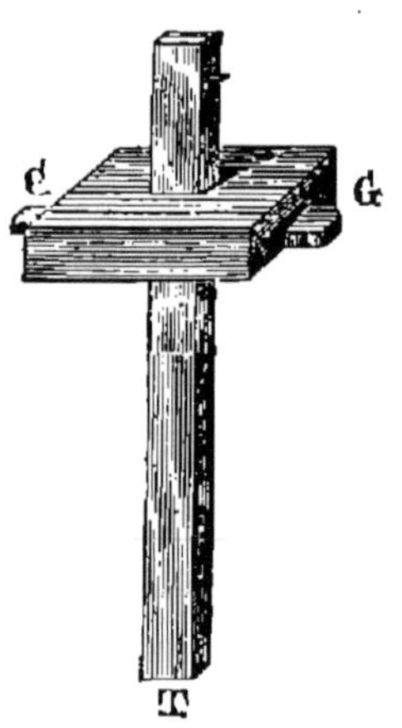

Fig. 73.

veut donner à la planche. D'une main appuyant le doigt sur la division et de l'autre un crayon contre l'extrémité du bâton, il fait glisser le bâton sur la planche en le maintenant perpendiculaire au côté dressé, et appuyant le doigt contre ce côté, il trace sur la planche avec le crayon une parallèle à ce côté. Ce moyen, suffisant quand il s'agit de dégrossir une pièce de bois, devient très-exact par l'emploi d'un instrument particulier appelé *trusquin* (fig. 73), qui n'est autre que le bâton guidé et muni d'une pointe traçante. La figure ci-jointe en montre suffisamment la forme : un carré de bois dur bien plan ou *guide* G est traversé d'équerre par une *tige* carrée T, qui peut glisser à frottement doux dans le carré et qui porte une pointe vers l'une de ses extrémités. En enfonçant la *clef* C, la tige serrée est rendue immobile dans le guide ; on lui rend sa mobilité en retirant un peu la clef.

Voici comment on fait usage de l'instrument. La pièce de bois étant corroyée au moins sur deux faces, on marque sur l'une d'elles un point de la parallèle à tracer, et appuyant le guide du trusquin contre l'autre face, on voit si la pointe correspond au trait marqué ; la clef étant desserrée, on arrive par de petits coups donnés avec l'une ou l'autre des extrémités de la tige à amener le guide dans une position telle que la pointe soit sur le trait; on frappe, pour serrer, la tête de la clef, et, faisant glisser le trusquin en appuyant le guide sur une face et la pointe sur l'autre, on trace la parallèle voulue. On opère de la même manière pour tracer une autre parallèle au bord droit; les deux traits obtenus sont parallèle d'après la dernière proposition établie. Si la clef n'est pas assez serrée, le trusquin peut se déranger pendant le tracé; on le vérifie en le présentant au point de départ. On voit que le trusquin est un instrument précieux pour le tracé de longues lignes parallèles et quelquefois peu distantes. Les procédés précédemment décrits eussent été insuffisants pour cet objet. Sur une autre face de la tige il y a souvent deux pointes pour tracer les mortaises d'un seul coup. Le même instrument, construit en métal avec quelques modifications qui en augmentent la précision, sert aux serruriers, aux mécaniciens dans le travail des métaux.

87. La fréquence des lignes parallèles dans toutes sortes de constructions peut s'expliquer par les mêmes raisons que la fréquence de l'angle droit. On trouve en effet à chaque instant des lignes verticales en des lieux peu éloignés l'un de l'autre, et par conséquent dans le champ qu'embrasse ordinairement le regard toutes les verticales sont parallèles. Dans un même plan non horizontal, toutes les horizontales sont parallèles. Il y a nombre de pièces droites de toutes sortes qui ont dans une grande partie de leur longueur totale les mêmes dimensions; les arêtes qui les terminent sont donc parallèles; telles sont les poutres, les briques, les barres de métal, les rails, les portes, fenêtres, panneaux, etc.

PROPORTIONNALITÉ DES NOMBRES

Principales propriétés des proportions.

88. Vous achetez 4 mètres d'étoffe pour 12 francs, 8 mètres de la même étoffe vous coûteront évidemment 24 francs, 2 mètres coûteraient 6 francs, etc. C'est ce qu'on exprime en disant que le prix de l'étoffe achetée est *proportionnel* à sa longueur ; les nombres 4, 8, 12 et 24 *forment une proportion*. Le premier nombre de mètres 4 est au second 8 comme le premier prix d'achat 12 est au second 24, ou encore le rapport des deux nombres de mètres est égal au rapport des deux nombres de francs qui leur correspondent. Quelle que soit la nature des grandeurs représentées par quatre nombres, quand le rapport de deux d'entre eux est égal au rapport des deux autres, on dit que ces quatre nombres sont en *proportion* ou forment une proportion. Nous avons déjà dit que le rapport de deux nombres n'est autre chose que le quotient du premier par le second. D'après cela le rapport des deux nombres 56 et 7 étant égal au rapport des deux nombres 48 et 6, puisque le quotient de 56 par 7 est 8, et que le quotient de 48 par 6 est aussi 8, les nombres 56, 7, 48, 6 forment une proportion. Ainsi, dire que le rapport de deux nombres est égal au rapport de deux autres nombres ou que ces quatre nombres forment une proportion, c'est énoncer la même chose en termes différents.

Le rapport de deux nombres s'écrit en mettant le premier au-dessus du second et les séparant par un trait horizontal ; le rapport de 56 à 7 s'écrit $\dfrac{56}{7}$, on l'énonce : 56 sur 7 ; 56 et 7 se nomment les termes du rapport ; 56 est le numérateur et le 7 est le dénominateur. Pour exprimer l'égalité de ces deux rapports, au lieu d'écrire $\dfrac{56}{7}$ égale $\dfrac{48}{6}$, on remplace le mot égale par le signe $=$ que l'on prononce de même ; on écrit donc $\dfrac{56}{7} = \dfrac{48}{6}$, c'est ce qu'on appelle une *égalité*, et cette égalité signifie que 56 divisé par 7 donne le même quotient que 48 divisé par 6. On peut l'énoncer en disant :

56 est à 7 comme 48 est à 6,

ce que l'on écrit quelquefois

$$56 : 7 = 48 : 6.$$

De cette façon, on énonce et on écrit ce qu'on appelle une proportion. La proportion présente le même sens que l'égalité de rapports.

Les quatre nombres s'appellent les *termes* de la proportion ; 56 et 6 se nomment les *extrêmes*, 7 et 48 se nomment les *moyens*.

Toutes les propriétés des proportions sont comprises dans les diverses manières d'écrire l'égalité $\dfrac{56}{7} = \dfrac{48}{6}$, ainsi qu'on le reconnaîtra dans les paragraphes qui suivent.

89. Si on multiplie 56 par 6, on obtient 336 ; si on multiplie 7 par 48, on obtient aussi 336 : ce que nous constatons dans cet exemple particulier a toujours lieu, et on énonce cette propriété générale en disant que : *Dans toute proportion, le produit des extrêmes est égal au produit des moyens.*

Pour reconnaître que cette propriété n'est pas particulière aux nombres choisis, écrivons la proportion sous sa première forme

$$\frac{56}{7} = \frac{48}{6}$$

et remarquons que 56 contient autant de fois 7 que 6 fois 56 contient de fois 6 fois 7 ; le premier rapport est donc égal à $\dfrac{56 \times 6}{7 \times 6}$. De même, 48 contient autant de fois 6 que 7 fois 48 contient de fois 7 fois 6 ; le second rapport peut donc se remplacer par $\dfrac{48 \times 7}{6 \times 7}$, l'égalité ci-dessus peut donc s'écrire

$$\frac{56 \times 6}{7 \times 6} = \frac{48 \times 7}{6 \times 7} ;$$

les diviseurs, dans ces deux divisions, sont égaux ; donc, puisque les quotients sont égaux, il faut que les dividendes le soient ; donc

$$56 \times 6 = 48 \times 7 ;$$

et en faisant l'opération, on vérifie l'exactitude de ce qui vient d'être démontré.

90. Réciproquement. *Si quatre nombres sont tels, que le produit de deux d'entre eux soit égal au produit des deux autres, ces quatre nombres forment une proportion.* — Par exemple, les quatre nombres 5, 54, 6, 45 sont tels, que

$$5 \times 54 = 6 \times 45.$$

Je dis que ces quatre nombres forment une proportion; car en divisant ces deux nombres égaux par un même nombre 5×6, les quotients seront égaux; on aura donc

$$\frac{5 \times 54}{5 \times 6} = \frac{6 \times 45}{5 \times 6};$$

mais un raisonnement pareil à celui qui a été fait plus haut, permet de diviser les deux termes du premier rapport par 5 et les deux termes du second par 6, sans que la valeur des deux rapports soit altérée; on a donc

$$\frac{54}{6} = \frac{45}{5}$$

ou
$$54 : 6 = 45 : 5.$$

Le quatrième terme d'une proportion est égal au produit des moyens divisé par le premier terme.

91. Car, puisque

$$54 \times 5 = 6 \times 45 \quad \text{ou} \quad 54 \text{ fois } 5 = 6 \times 45$$

une fois 5 vaut 54 fois moins ou $\dfrac{6 \times 45}{54}$.

Étant donnés trois termes d'une proportion, calculer le quatrième.

92. Soient les trois termes 12, 108 et 11, on doit avoir, x désignant le 4e terme :

$$12 : 108 = 11 : x,$$

et, d'après ce qu'on vient de dire,

$$x = \frac{108 \times 11}{12} = 99;$$

soient encore les trois nombres 4, 6 et 6, on doit avoir :

$$4 : 6 = 6 : x, \quad \text{d'où} \quad x = \frac{6 \times 6}{4} = 9 ;$$

la proportion est donc $4 : 6 = 6 : 9$.

Les deux moyens étant égaux, le nombre x s'appelle une *troisième proportionnelle*; l'un ou l'autre des moyens se nomme la *moyenne géométrique* des deux extrêmes ; ainsi, 6 s'appelle la moyenne géométrique entre 4 et 9.

93. Nous avons dit que, d'après l'égalité

$$5 \times 54 = 6 \times 45,$$

les quatre nombres 5, 54, 6, 45 formaient une proportion. Cette proportion peut s'écrire de ces quatre manières équivalentes :

$$54 : 6 = 45 : 5 \quad \text{ou} \quad \frac{54}{6} = \frac{45}{5},$$

$$54 : 45 = 6 : 5 \quad \text{ou} \quad \frac{54}{45} = \frac{6}{5},$$

$$5 : 45 = 6 : 54 \quad \text{ou} \quad \frac{5}{45} = \frac{6}{54},$$

$$5 : 6 = 45 : 54 \quad \text{ou} \quad \frac{5}{6} = \frac{45}{54},$$

car le produit des extrêmes reste toujours égal au produit des moyens.

Ce qui montre que dans toute proportion on peut intervertir :

1° Les deux moyens seulement ; 2° les deux extrêmes seulement ; 3° les deux moyens en même temps que les deux extrêmes.

Si deux proportions ont deux termes communs, les deux autres termes de la première forment une proportion avec les deux autres termes de la seconde.

Car si on a

$$54 : 6 = 45 : 5 \quad \text{et} \quad 18 : 2 = 45 : 5,$$

c'est que
$$54 : 6 = 18 : 2 ;$$
de même si
$$54 : 6 = 45 : 5 \quad \text{et} \quad 15 : 6 = 45 : 18,$$
c'est que
$$54 \times 5 = 6 \times 45 \quad \text{et que} \quad 15 \times 18 = 6 \times 45;$$
donc
$$54 \times 5 = 15 \times 18,$$
ou
$$54 : 15 = 18 : 5.$$

94. Reprenons la proportion
$$\frac{56}{7} = \frac{48}{6};$$

puisque 56 contient 8 fois 7, et 48, 8 fois 6, la somme 56 plus 48 ou 104 contiendra 8 fois la somme 7 plus 6 ou 13 ; on peut donc écrire
$$\frac{56}{7} = \frac{48}{6} = \frac{104}{13};$$
et, de même, de ce que
$$\frac{104}{13} = \frac{48}{6},$$

on conclut, en prenant la différence des numérateurs et celle des dénominateurs, que ces deux rapports sont aussi égaux à $\frac{56}{7}$.

Ainsi, quand deux rapports sont égaux, *le rapport de la somme ou de la différence des numérateurs à la somme ou à la différence des dénominateurs est encore égal aux deux premiers.*

Il résulte de là que généralement :

Si on a une suite de rapports égaux
$$\frac{3}{4} = \frac{6}{8} = \frac{24}{32} = \dots$$

la somme d'un certain nombre de numérateurs divisée par

la somme des dénominateurs correspondants donne un rapport égal à chacun des rapports donnés.

PROPORTIONNALITÉ DES DROITES

95. Le rapport de deux portions de ligne droite est le rapport des deux nombres qui expriment combien de fois une certaine unité de longueur est contenue dans chacune d'elles. Si les longueurs de deux règles sont l'une de 3 mètres, l'autre de 2 mètres, le rapport de ces deux longueurs est celui de 3 à 2 ou $\frac{3}{2}$. Si, au lieu de mesurer les deux règles avec le mètre, on les avait mesurées avec une autre unité, le décimètre par exemple, la longueur de la première aurait été trouvée de 30 décimètres, celle de la seconde de 20 décimètres, le rapport des longueurs des deux règles eût été celui de 30 à 20 ou encore de $\frac{3}{2}$. Le rapport de deux longueurs est donc indépendant de l'unité qui sert à les mesurer, aussi n'en fait-on pas mention, et le rapport des deux lignes AB, CD se désigne simplement par $\frac{AB}{CD}$ sans qu'on s'occupe de savoir avec quelle unité on les mesure.

Quatre droites sont en proportion ou sont proportionnelles quand le rapport de la première à la seconde est égal au rapport de la troisième à la quatrième. Des constructions géométriques très-simples permettent, ainsi qu'on va le voir, de construire quatre droites qui soient proportionnelles, ou de construire l'une d'elles quand on connaît les trois autres.

Lorsque des parallèles coupent deux droites concourantes et interceptent sur l'une d'elles des segments égaux, les segments de l'autre sont aussi égaux entre eux.

96. Par exemple, les lignes du papier réglé sont des droites parallèles équidistantes, c'est-à-dire qu'elles interceptent sur leur commune perpendiculaire des portions ou segments de même longueur ; tracez sur ce papier une droite quelconque, elle sera aussi partagée par les lignes du papier en segments égaux. Il suffit de démontrer cette égalité pour deux segments, car il deux sont égaux, tous le seront. Soient trois droites parallèles, équidistantes (fig. 74), c'est-à-dire que AB = BC, je dis que DE = EF, car menons par le point E une perpendiculaire aux trois parallèles, faisons tourner dans le plan la figure EHF autour du point E, le point H viendra en G puisque EH = EG,

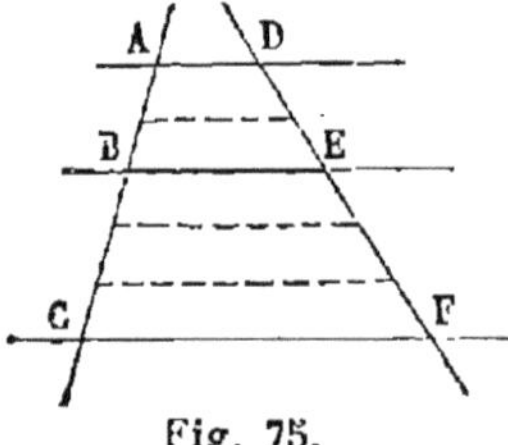
Fig. 74.

et, puisque l'angle HEF est égal à l'angle GED comme opposé de sommet, EF s'appliquera sur ED ; d'ailleurs HF s'appliquera sur GD puisque les angles en G et H sont droits, donc le point F coïncidera avec le point D, donc EF est égal à DE ; et inversement, si DE = EF, on voit que EG = EH, c'est-à-dire que les parallèles sont équidistantes, et toute autre droite que DF serait aussi partagée en parties égales. De là ré-sulte la propriété suivante :

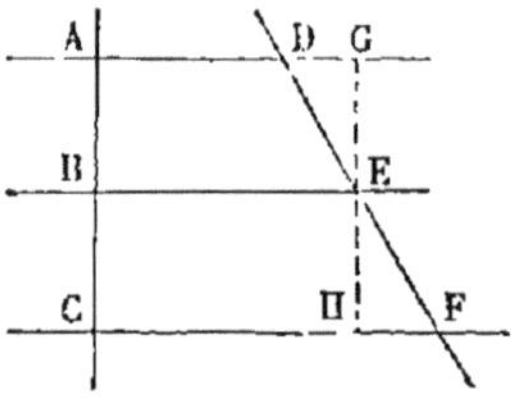

Lorsque des parallèles coupent deux droites concourantes, les segments interceptés sur l'une sont proportionnels aux segments interceptés sur l'autre.

97. Soient trois parallèles interceptant sur des droites concourantes des segments AB, BC, DE, EF, il faut montrer que

$$\frac{AB}{BC} = \frac{DE}{EF}.$$

Or mesurons les deux lignes AB et BC et supposons que la première renferme 2 fois et la seconde 3 fois l'unité de longueur, le rapport $\frac{AB}{BC}$ sera égal à $\frac{2}{3}$ (fig. 75) ; marquons les points de division trouvés en effectuant la mesure et par ces points menons des parallèles aux parallèles données, la ligne DEF sera divisée par les parallèles en parties égales ; DE renferme 2 de ces parties, et EF, 3, le rapport

Fig. 75.

$\dfrac{DE}{EF}$ sera donc aussi $\dfrac{2}{3}$, c'est-à-dire que $\dfrac{AB}{BC} = \dfrac{DE}{EF}$. Cette proportion peut aussi s'écrire

$$\frac{AB}{DE} = \frac{BC}{EF}.$$

Réciproquement, cette proportion entraîne le parallélisme des trois droites.

98. Si donc on prend un nombre quelconque de parallèles et deux droites qui les coupent d'une manière quelconque, le rapport d'un quelconque des segments déterminés sur l'une des sécantes, par exemple BD, au segment $B' D'$ (fig. 76) qui lui correspond sur l'autre, ou $\dfrac{BD}{B'D'}$, est égal à tout autre semblable ; ainsi

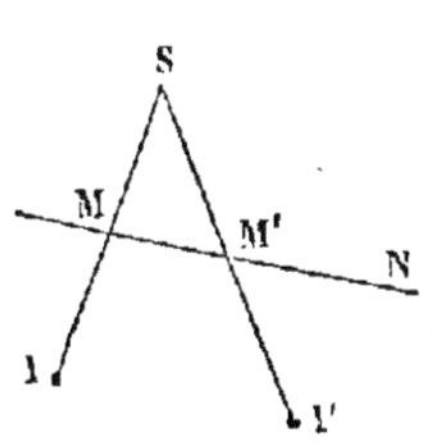

Fig. 76.

$$\frac{BD}{B'D'} = \frac{AD}{A'D'} = \frac{BC}{B'C'} = \ldots\ldots$$

Tracer une parallèle à une droite par un point donné sur le terrain.

99. Soit MN la droite donnée, I le point donné (fig. 76 *bis*). Prenez un cordeau et faites un nœud vers le milieu de sa longueur, placez le nœud en un point quelconque M de la ligne donnée et tendez vers I le cordeau doublé ; fixez un des brins en I, relevez l'autre et tendez-le dans la direction IM, vous aurez un point S tel que $SM = MI$. Si vous répétez la même série d'opérations en prenant le point S comme point fixe et faisant mouvoir le nœud sur MN en M' par exemple, M' I' étant porté égal à M'S, le point I' appartiendra à la parallèle cherchée, car on a

Fig. 76 bis.

$$\frac{SM'}{SI'} = \frac{SM}{SI},$$

donc les droites MM', II' sont parallèles (§ 99. Réc.).

Diviser une droite en un nombre donné de parties égales.

100. Soit à diviser la droite AB en 5 parties égales. Du point A tirez une droite quelconque AG, prenez avec le compas à partir

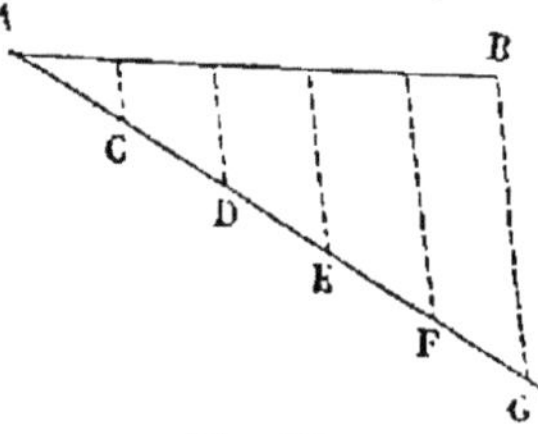
Fig. 77.

du point A (fig. 77) une longueur quelconque AC et portez-la cinq fois sur AG, ce qui donne les points C, D, E, F, G ; joignez la dernière division à l'autre extrémité B de la droite donnée, et par les points de division menez des parallèles à la droite GB ; ces parallèles diviseront la droite AB en cinq parties égales (§ 96). Il convient de prendre la longueur AC approximativement égale au cinquième de AB.

On peut encore procéder autrement. Supposez qu'on dispose d'une série de droites parallèles équidistantes tracées sur un plan (fig. 78). Si on place la ligne à diviser de façon qu'elle ait

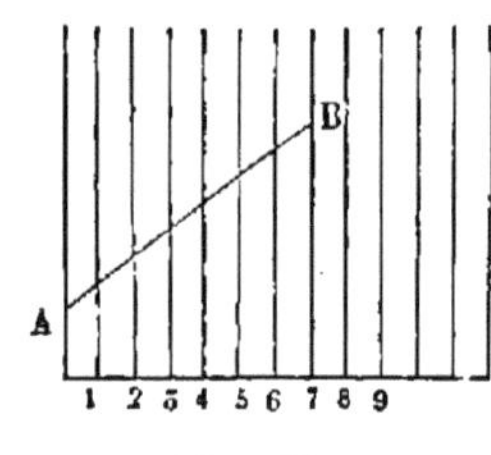
Fig. 78.

ses extrémités sur deux de ces parallèles, les parallèles intermédiaires la diviseront en parties égales

Soit par exemple une ligne AB à diviser en 7 parties égales. Prenez avec le compas la longueur AB et portez-la d'un point quelconque A de la première parallèle de façon que l'autre extrémité vienne sur la parallèle 7 en B ; la ligne AB sera divisée en 7 parties égales par les parallèles intermédiaires. Ce moyen peut être utile dans le dessin où l'on emploie fréquemment du papier quadrillé qui présente sur une assez grande étendue une série de lignes parallèles très-rapprochées.

Quelquefois la position particulière de la droite à diviser en parties égales ne se prête pas aux constructions précédentes, on peut alors mesurer la ligne, et, divisant sa longueur par le nombre des parties, on connaît la longueur d'une partie.

Enfin, on peut procéder par tâtonnements; ce procédé bien appliqué est très-expéditif, et dans beaucoup de cas suffisamment exact. Soit la droite AB (fig. 79) à diviser en 3 parties égales ; on prend avec le compas une longueur égale à la longueur présumée d'une des parties et on porte successivement trois fois cette longueur à partir d'une extrémité. Supposons qu'on arrive ainsi en B' ; sans déranger la pointe du compas placée vers A, on ouvrira la branche qui a donné le point B' de manière à accroître l'ouverture du compas du tiers de B'B ; on essayera la nouvelle ouverture de compas. Si alors on dépasse le point B et si on vient en B", on diminuera l'ouverture du tiers de BB". Un ou deux essais pourront suffire pour atteindre le but avec une précision convenable. Ce procédé est fondé sur ce fait que l'œil évalue plus exactement le tiers d'une petite longueur, un décimètre par exemple, que le tiers d'une longueur de 2 à 3 mètres.

Fig. 79.

Échelle d'un plan. Sa construction et son emploi.

101. Chacun sait que ce que l'on nomme le plan d'un jardin, par exemple, est une figure représentant en petit les diverses lignes qui y sont tracées en conservant les dimensions de ces lignes les unes par rapport aux autres et leurs directions relatives, c'est-à-dire les angles qu'elles font entre elles. Si la longueur d'une plate-bande par exemple est égale à quatre fois sa largeur, dans le dessin cette même proportion devra être observée. Si, par exemple, la plate-bande a 10 mètres de long et que le mètre soit représenté dans le dessin par 1 centimètre, on fera le grand côté de la plate-bande de 10 centimètres et son petit côté de 2 centimètres et demi.

Quand on veut représenter une figure très-petite, on l'agrandit au contraire, parce qu'on ne pourrait pas en dessiner les détails si on lui conservait ses dimensions. Dans tous les cas, le rapport de la longueur d'une ligne du plan à la longueur de la ligne réelle qu'elle représente est ce qu'on nomme l'*échelle du plan*. Ainsi le plan du jardin dont il vient d'être question est

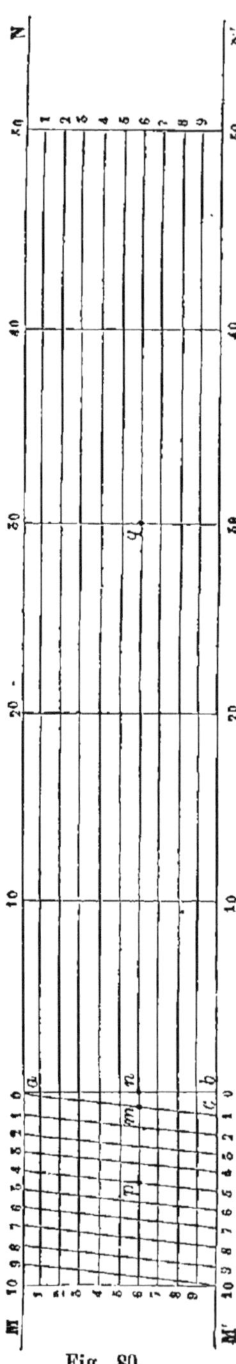

Fig. 80.

fait à l'échelle de $\dfrac{1}{100}$ parce que les lignes du plan sont 100 fois plus petites que les lignes réelles. Quand on fait un plan, on choisit une échelle à volonté et souvent même on ne la fixe pas d'avance, mais on dessine sur le plan une ligne MN représentant, par exemple, 10 mètres ou 20, 30, 40, 50 mètres (fig. 80). En divisant en 10 l'une des parties Ma, chaque division représente un mètre; divisant l'une des parties en dix, on aura une longueur représentant un décimètre, et ainsi de suite; mais on voit que la division en dix parties deviendra, à un certain moment, très-difficile à cause de la petitesse des divisions. Ce qu'on se propose d'expliquer ici est précisément le moyen de résoudre cette difficulté.

Il s'agit de diviser en 10 une des divisions de Ma (fig. 80); tracez parallèlement à MN 10 autres lignes équidistantes que vous numéroterez 1, 2, 3.... jusqu'à 10. Au point a menez la perpendiculaire ab à MN, et sur la dixième parallèle prenez la longueur bc égale à l'une des divisions de Ma, joignez ac. Les portions des parallèles comprises entre les lignes ab et ac vaudront, à partir de la première 1, 2, 3.... dixièmes de bc; par exemple, mn sera les 6 dixièmes de bc (§ 105). Rien n'est plus facile que de terminer le tracé de l'échelle; menez par les points 1, 2, 3.... de Ma des parallèles à ac, et l'échelle numérotée comme l'indique la figure sera terminée.

102. Si on veut mesurer une longueur prise entre les pointes d'un compas, on place l'une des pointes sur une des grandes divisions 30—30, par exemple, de façon que l'autre pointe se trouve dans la partie Mb ; on fait glisser les deux pointes de façon qu'elles soient toujours sur la même parallèle et que l'une décrive la perpendiculaire 30 — 30. Supposons que la seconde pointe vienne coïncider avec le point p, la première étant au point q ; pq est égal à pn plus pm plus mn, c'est-à-dire que la longueur à mesurer est de 30 mètres, plus 4 mètres plus 6 dixièmes de mètre ou 34^m,6.

Si on voulait prendre une longueur de 34,6, on placerait l'une des pointes sur la division 4 de Ma, on suivrait l'oblique 4—5 jusqu'à la parallèle 6—6 en p et on ouvrirait le compas sur la ligne 6—6 jusqu'à la rencontre en q de la ligne 30—30. Cette échelle ne peut être utile que dans le cas où l'on veut une très-grande précision.

Trouver une quatrième proportionnelle à trois droites données.

103. Soient a, b, c les trois droites données (*fig.* 81). Tracez par un point A deux droites quelconques, sur l'une portez AB égale à a et BC égale à b ; sur l'autre prenez AD égal à c. Joignez les points B et D et par le point C menez CE parallèle à BD : la ligne DE sera la quatrième proportionnelle demandée. On a en effet

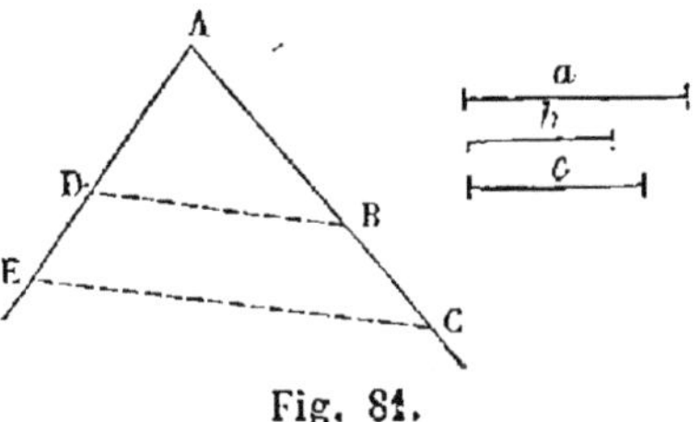

Fig. 81.

$$\frac{AB}{AD} = \frac{BC}{DE}.$$

Trouver une troisième proportionnelle entre deux droites données.

104. La construction est la même que celle qui vient d'être indiquée : il n'y a que les données du problème qui soient différentes en ce que les deux lignes b et c, au lieu d'être distinctes, sont données égales, ce qui fait qu'on ne donne plus que deux lignes au lieu d'en donner trois.

Les segments interceptés sur des parallèles par deux droites concourantes sont proportionnels aux segments de chacune de ces droites terminés à leur point de concours et aux parallèles.

105. Soient les deux parallèles BC, DE et les deux droites AB, AC (fig. 82), il faut faire voir que le rapport de BC à DE est égal au rapport de BA à DA ou de CA à EA. Il suffit pour cela de mener la ligne EF parallèle à AB; car, d'après la propriété démontrée § 97, les deux droites CA, BC étant coupées par des parallèles AB, EF, on a

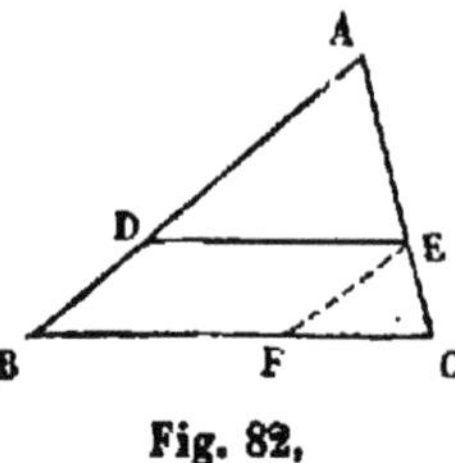

Fig. 82,

$$\frac{BC}{BF} = \frac{CA}{EA};$$

or BF = DE comme parallèles comprises entre parallèles, donc

$$\frac{BC}{DE} = \frac{CA}{EA}$$

ou le rapport égal

$$\frac{BA}{DA}.$$

Diviser une droite en deux parties qui aient entre elles un rapport donné.

106. Soit à diviser la droite AB (fig. 83) en deux parties comme 3 est à 4. Cela revient à la diviser en 7 et à marquer la troisième division. On mènera donc par l'extrémité A une ligne quelconque sur laquelle on prendra 7 longueurs égales successives, ce qui donnera un point C; joignant CB et menant à la troisième division la droite DE parallèle à CB, la ligne AB sera divisée au point E en deux parties ayant entre elles le rapport donné.

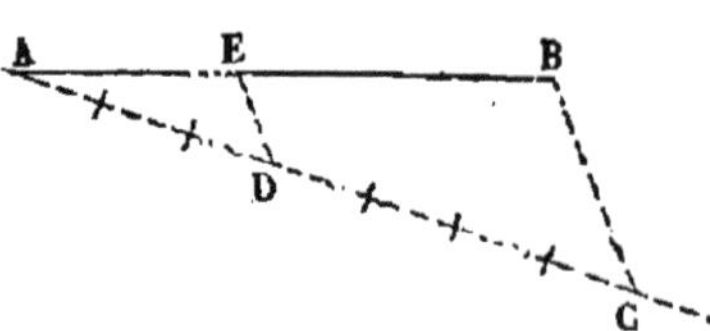

Fig. 83.

Diviser une droite en moyenne et extrême raison.

107. Soit AB la droite donnée (fig. 84), il s'agit de diviser la droite AB en deux parties AM, MB telles, que la plus grande partie AM soit moyenne proportionnelle entre la ligne entière AB et l'autre partie MB. Ainsi on doit avoir

$$AB : AM = AM : MB.$$

A une extrémité B de la droite AB, élevez une perpendiculaire BC, prenez BC égal à la moitié de AB et

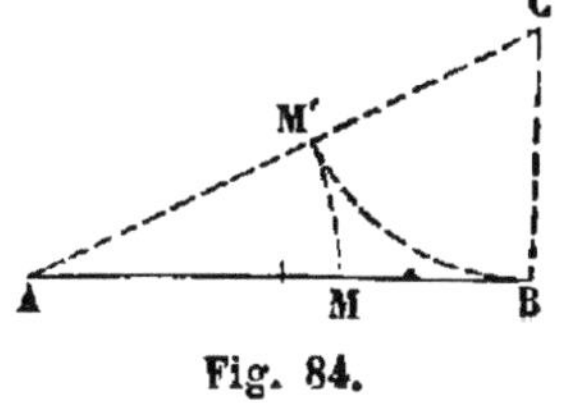

Fig. 84.

joignez AC. La longueur AC diminuée de CB, c'est-à-dire AM', sera précisément la moyenne partie de la droite AB; portez-la en AM et MB sera l'extrême partie.

Cette construction sera démontrée plus loin.

Copier en petit un dessin exécuté en grand.

108. Le problème consiste à faire un dessin dont toutes les dimensions soient égales à celles du dessin donné, réduites dans un certain rapport ; par exemple, les lignes de la copie devront avoir une longueur égale au tiers de ces mêmes lignes dans le modèle. Il faut aussi que les lignes de la copie soient dirigées les unes par rapport aux autres comme celles du modèle. On réalisera aisément cette condition en faisant les lignes de la copie respectivement parallèles à celles du modèle.

Soit à copier en petit la figure ABCDEFG (fig. 85) ainsi que le point O de cette figure, et supposons que l'on veuille donner aux lignes de la copie les deux tiers des lignes du modèle. On pourrait partager toutes ces lignes en trois parties égales, mais ce serait

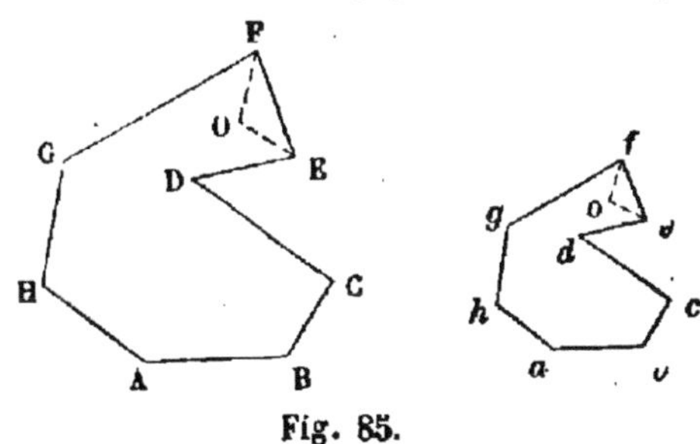

Fig. 85.

fort long. Nous allons indiquer successivement divers procédés plus expéditifs.

Angle de réduction.

Dessinez d'abord une figure à l'aide de laquelle vous pourrez prendre presque immédiatement les deux tiers de toutes les lignes du modèle et qu'on appelle un *angle de réduction*. Tracez une ligne quelconque MN (fig. 86) sur laquelle vous portez trois fois une certaine ouverture de compas qui détermine sur la ligne un segment MN ; du point N comme centre, avec une ouverture égale à 2 divisions, décrivez un arc de cercle au-dessus du point N ; décrivez encore du point M comme centre avec un rayon MN un autre arc de cercle, qui coupe

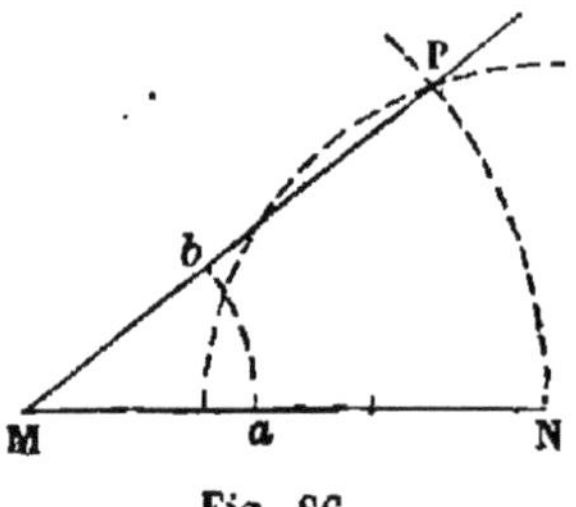

Fig. 86.

le premier au point P ; joignez MP ; NMP est l'angle de réduction. Voulez-vous avoir une ligne égale aux deux tiers de AB? Prenez AB pour ouverture de compas, et du point M comme centre décrivez un arc *ab;* la corde *ab* sera les deux tiers de AB. Car la corde *ab* est parallèle à NP, et par suite (§ 105).

$$\frac{ab}{a\text{M}} = \frac{\text{NP}}{\text{MN}} = \frac{2}{3};$$

ainsi *ab* est bien les deux tiers de *a*M ou AB.

Cela posé, pour effectuer la copie, tracez une parallèle à AB (fig. 85) et prenez sur cette droite la longueur *ab*, par le point *b* menez une parallèle à BC et portez *bc* égal aux deux tiers de BC, par le point *c* menez une parallèle à CD et portez *cd* égal aux deux tiers de CD, et ainsi de suite. Pour marquer le point O sur la copie, il suffira de tracer par deux points, par exemple *f* et *e*, des parallèles aux lignes FO, EO supposées tracées sur le grand dessin ; ces deux parallèles donneront à leur rencontre le point *o* correspondant au point O. Il n'est pas nécessaire de se servir du contour de la figure. Ainsi on peut imaginer les lignes AB, AC, AD.... AO, leur mener par le point *a* des parallèles et porter sur ces parallèles les longueurs réduitee *ab*, *ac*, *ad*.... *ao*. Ce procédé est préférable au précédent.

On évite le tracé de l'angle MNP à l'aide d'un instrument qui le remplace et qu'on appelle compas de proportion.

Compas de proportion.

109. Le compas de proportion n'est pas autre chose que l'angle de réduction dont les côtés sont rendus mobiles de façon que cet angle puisse prendre telle grandeur que l'on voudra ; les côtés de l'angle sont en outre divisés en parties égales, et deux divisions de même rang sont à la même distance du centre (fig. 87). Par cette disposition on évite la description des arcs de cercle lorsqu'on veut réduire une ligne. Veut-on réduire au cinquième, on prendra avec un compas à pointes la longueur 10 par exemple, et on ouvrira l'angle de façon que l'écartement des deux divisions marquées 50 soit précisément l'intervalle des pointes du compas ; l'instrument sera réglé. Si on veut avoir le cinquième d'une longueur quelconque, on la porte sur l'un des côtés de l'angle

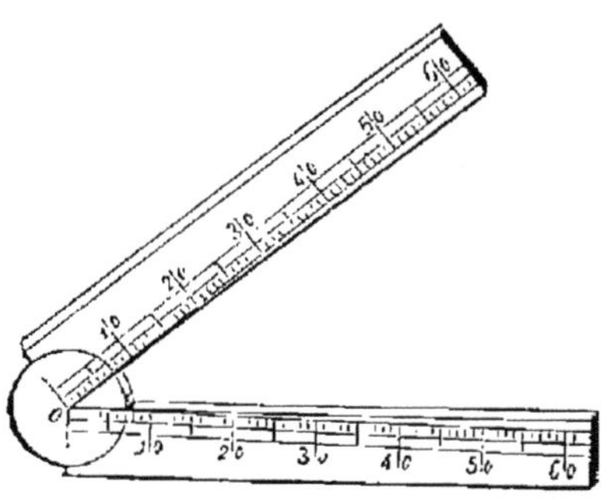

Fig. 87.

à partir du sommet, on lit l'indication, 4,6 par exemple ; prenant alors au compas l'intervalle des deux divisions 4,6, on a le cinquième de la ligne proposée. Il n'est pas inutile d'observer que l'instrument se trouverait tout réglé pour faire un dessin cinq fois plus grand que le modèle ; seulement les lignes du modèle devraient être portées comme cordes et celles de la copie seraient les rayons correspondants.

Cet instrument abrége un peu le travail ; mais souvent les pointes du compas glissent sur le laiton, on peut se tromper de division, les branches peuvent se trouver trop courtes ; l'angle de réduction est plus commode. Les opérations sont abrégées et, par suite, une partie des inconvénients signalés disparaissent par l'emploi d'un instrument préférable au compas de proportion et que je vais décrire. Il y a encore un autre instrument plus parfait qui vous sera décrit l'année prochaine et à l'aide duquel on peut exécuter rapidement des réductions des figures les plus compliquées : cartes, dessins d'imitation, etc.

Compas à quatre pointes.

110. Le compas à quatre pointes a une certaine ressemblance avec le compas d'épaisseur à quatre branches. Vous savez que dans ce dernier la distance de deux pointes est toujours égale

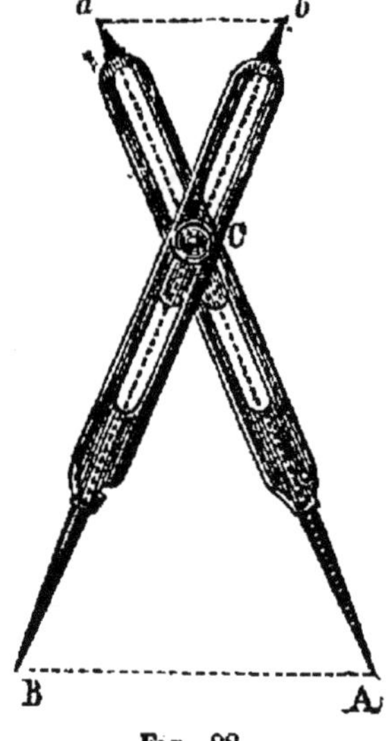

Fig. 88.

à celle des deux autres. Dans le compas à quatre pointes, le rapport de la distance de deux pointes à celle des deux autres est toujours le même, quelle que soit l'ouverture du compas. Cet instrument, réduit à sa plus grande simplicité, se compose de deux lignes droites d'égale longueur qui se coupent en un point C (fig. 88), tel que si on fermait l'angle, les extrémités des droites coïncideraient ; en d'autres termes,

$$OA = OB, \quad Oa = Ob.$$

Supposons que OA soit le double de Oa, AB sera le double de ab (§ 105), et cela pour toutes les ouvertures de l'angle AOB ; si on prend sur le modèle, entre les grandes branches une distance AB, on aura entre les petites branches une distance ab qui en sera la moitié.

Si, sans changer la longueur des branches, on pouvait disposer l'instrument de façon que le rapport de ab à AB ait une valeur quelconque, soit par exemple égal à un tiers, ce compas pourrait servir pour toutes sortes de réductions. C'est précisément ce que l'on peut faire à l'aide de la disposition adoptée dans sa construction et dont la figure permet de se rendre compte.

L'instrument se compose de deux branches de laiton percées d'une coulisse ; dans chaque coulisse se meut un curseur semblable. Ces deux curseurs sont traversés par un axe autour duquel ils peuvent tourner et avec eux les branches du compas; un bouton à vis permet de serrer convenablement l'instrument. Lorsque le compas se ferme, une encoche pratiquée dans l'une des branches vient s'adapter sur un arrêt fixé à l'autre et les deux branches se superposent exactement quand la fermeture est complète; on peut alors à l'aide du bouton faire mouvoir les deux curseurs dans la double coulisse et déplacer ainsi l'axe du compas. Sur la branche supérieure sont gravés de petits traits déliés perpendiculaires à sa direction et portant des indications telles que $\frac{1}{2}$, $\frac{1}{3}$, $\frac{1}{4}$ jusqu'à $\frac{1}{10}$; d'autre part, le curseur supérieur porte aussi un petit trait ou repère. Veut-on régler l'instrument pour réduire au quart, on le ferme et on amène le repère à la division marquée $\frac{1}{4}$, on serre le bouton et le compas est réglé. Le compas est en même temps réglé pour faire un dessin quatre fois plus grand qu'un dessin donné. Ce que l'on a dit précédemment rend inutile toute explication sur la manière de s'en servir.

Si le rapport de grandeur des deux dessins n'est pas donné en nombre ou si ce nombre n'est pas gravé sur l'instrument, on règle le compas en traçant une ligne droite ab qui représente une ligne AB du modèle réduite au gré du dessinateur, et par des tâtonnements on amène le bouton dans une position telle que la ligne AB étant prise entre les grandes pointes, la distance des petites pointes soit égale à la ligne ab.

Les segments interceptés sur des parallèles par des transversales qui coupent sur un même point sont proportionnels.

111. Une *transversale* est une ligne droite qui traverse d'autres lignes; on emploie cette dénomination quand la ligne que l'on considère en coupe au moins deux autres. Soient menées d'un point O les transversales OA, OB, OC, etc., qui coupent deux droites parallèles en des points

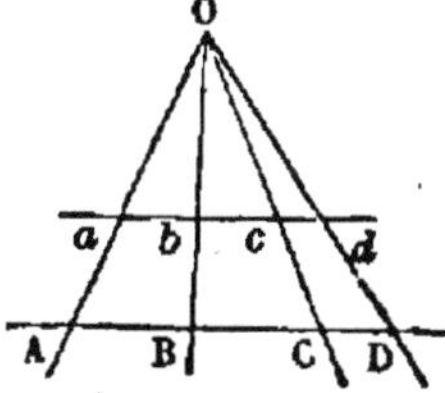

Fig. 89.

A, B, C... a, b, c... (fig. 89); il faut faire voir que

$$\frac{AB}{ab} = \frac{BC}{bc} = \frac{CD}{cd} = \frac{AC}{ac}.$$

Pour cela il suffit de démontrer que deux de ces rapports sont égaux. Or, d'après le § 97,

$$\frac{AB}{ab} = \frac{OB}{ob}$$

et de même

$$\frac{BC}{bc} = \frac{OB}{ob},$$

donc

$$\frac{AB}{ab} = \frac{BC}{bc}.$$

On pourrait appliquer cette propriété à la construction de la longueur des lignes d'un dessin, copie réduite d'un dessin donné. Ayant tracé deux lignes parallèles quelconques, puis porté sur l'une une longueur AB égale à une ligne du modèle, sur l'autre une longueur ab égale à la longueur qu'on veut donner à AB dans la copie, on joindrait Aa, Bb, ce qui fournirait un point O. Si alors on portait sur AB une longueur AC égale à une ligne du modèle, en joignant CO on aurait en ac une ligne correspondante de la copie. On facilite l'application en mesurant d'avance du point O un grand nombre de lignes très-rapprochées et terminées à AB.

Déterminer à la fois sur des droites parallèles entre elles
un même nombre de parties égales.

112. Soient données un certain nombre de droites à diviser en sept parties égales. Tracez une droite quelconque sur laquelle vous portez à la suite les unes des autres sept longueurs égales (fig. 90), ce qui donne les points A, a, b, c, d, e, f, g. Prenez aussi sur cette même droite des longueurs AB, AC, AD égales aux droites qu'il s'agit de diviser. Joignez à un point quelcon-

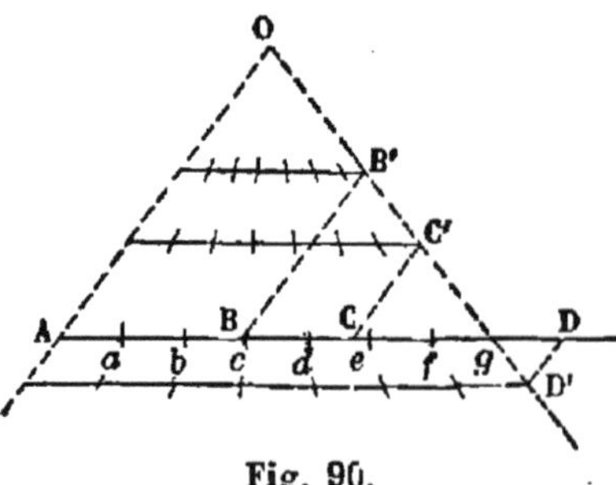

Fig. 90.

que O les extrémités A, g et menez BB′, CC′, DD′ parallèles à OA ;
les parallèles menées à Ag par les points B′, C′, D′ et terminées
à OA seront respectivement égales aux lignes données AB, AC, AD
(§ 82) ; enfin joignez au point O les points a, b, c, d, e, f; ces
transversales diviseront les droites données chacune en sept
parties égales.

TABLE

Typographie Lahure, rue de Fleurus, 9, à Paris.

NOUVELLES PUBLICATIONS

RÉDIGÉES CONFORMÉMENT AUX PROGRAMMES OFFICIELS

POUR L'ENSEIGNEMENT SECONDAIRE SPÉCIAL

(Tous les volumes ci-après sont imprimés dans le format in-12 et cartonnés)

LANGUE FRANÇAISE.

Grammaire de l'enseignement secondaire spécial, par M. Sommer. 1 vol. 1 fr. 50 c.

Lectures ou dictées, par M. Lelion-Damiens (année préparatoire et 1re année). 2 volumes :
  Tome I, contrées agricoles. 1 fr. 50 c.
  Tome II, contrées commerciales. 1 fr. 50 c.

Premiers principes de style et de composition, par M. Pellissier (2e année). 1 vol. 1 fr. 50 c.

Morceaux choisis des classiques français (prose et vers), adaptés au précédent ouvrage. 1 vol. 1 fr.

Principes de rhétorique française, par M. Pellissier (3e année). 1 vol. 2 fr. 50 c.

Morceaux choisis des classiques français (prose et vers), adaptés au précédent ouvrage. 1 vol. 2 fr.

Textes classiques de la littérature française, extraits des grands écrivains français, avec notices biographiques et bibliographiques, appréciations littéraires et notes explicatives, par M. Demogeot (3e année). 2 vol. 4 fr. 50.

GÉOGRAPHIE ET HISTOIRE.

Géographie de la France, par M. Richard Cortambert (année préparatoire). 1 vol. 80 c.
  Atlas correspondant (12 cartes). 2 fr. 50 c.

Géographie des cinq parties du monde, par M. E. Cortambert (1re année). 1 vol. 1 fr. 50 c.
  Atlas correspondant (37 cartes). 6 fr.

Géographie agricole, industrielle, commerciale et administrative de la France et de ses colonies, par le même auteur (2e année). 1 vol. 2 fr.
  Atlas correspondant (22 cartes). 4 fr.

Géographie commerciale des cinq parties du monde, par M. Richard Cortambert (3e année). 1 v. 3 fr.
  Atlas correspondant. Grand in-8. » »

Simples récits d'histoire de France, par MM. Ducoudray et Feillet (année préparatoire). 1 vol. avec gravures. 2 fr.

Simples récits d'histoire ancienne, grecque, romaine et du moyen âge, par les mêmes (1re année). 1 vol. 2 fr. 50 c.

Histoire de la France depuis l'origine jusqu'à la Révolution française, et grands faits de l'histoire moderne de 1453 à 1789, par M. Ducoudray (2e année). 1 vol. 2 fr. 50 c.

Histoire de France et histoire générale depuis 1789 jusqu'à nos jours, par le même auteur (3e année). 1 vol. 2 fr. 50 c.

Histoire moderne et contemporaine, depuis 1643 jusqu'à nos jours (4e année). 1 vol. 4 fr. 50.

LÉGISLATION, MORALE, INDUSTRIE, ÉCONOMIE POLITIQUE.

Éléments de législation usuelle, par M. Delacourtie avocat, docteur en droit (3e année). 1 vol. 2 fr.

Éléments de législation commerciale et industrielle, par le même auteur (4e année). 1 vol. 3 fr.

Éléments de morale, par M. A. Franck, membre de l'Institut (3e et 4e années). 1 vol. 2 fr.

Les grandes inventions modernes, par M. L. Figuier (4e année). 1 vol. 1 fr. 50.

Cours d'économie rurale, industrielle et commerciale, par M. Levasseur (4e année). 1 vol. 3 fr.

ARITHMÉTIQUE ET COMPTABILITÉ.

Éléments d'arithmétique, par M. Pichot (année préparatoire et 1re année). 1 vol. 2 fr. 50 c.

Arithmétique élémentaire, par M. Bovier-Lapierre (année préparat. et 1re année). 1 vol. 2 fr. 50 c.

Traité d'arithmétique commerciale, par M. Bovier-Lapierre (2e année). 1 vol. 1 fr. 50 c.

Cours d'arithmétique commerciale, par M. E. Jeanne (3e année). 1 vol. 3 fr.

Cours de comptabilité, par M. Courcelle-Seneuil (1re, 2e, 3e et 4e années). 4 vol. Chaque volume, 1 fr. 50 c.

GÉOMÉTRIE, TRIGONOMÉTRIE, ALGÈBRE, GÉOMÉTRIE DESCRIPTIVE.

Géométrie, par M. Saint-Loup :
  Année préparatoire (géométrie plane). 1 fr.
  Première année (géométrie plane), 2 fr.
  Deuxième année (géom. dans l'espace). 1 fr. 50.

Principes d'algèbre, par MM. H. Sonnet et E. Jeanne (3e et 4e années). 1 vol. 2 fr. 50 c.

Cours élémentaire de géométrie descriptive, par M. Kira (3e et 4e années). 2 vol. 5 fr.

Traité élémentaire de trigonométrie rectiligne, par M. Bovier-Lapierre (4e année). 1 v. in-8. 2 fr. 50.

Notions élémentaires de trigonométrie rectiligne, par M. Besodia (4e année). 1 vol. 1 fr. 50 c.

Notions élémentaires sur les courbes usuelles, par le même (4e année). 1 vol. 1 fr. 50.

HISTOIRE NATURELLE, PHYSIQUE, CHIMIE, MÉCANIQUE, COSMOGRAPHIE.

Notions élémentaires d'histoire naturelle : Zoologie, Botanique, Géologie, par MM. Gervais, Marchand et Raulin :
  Année préparatoire. 1 vol. 3 fr.
  Première année. 1 vol. 3 fr. 50.
  Deuxième année. 1 vol. 4 fr. 50.
  Troisième et quatrième années. 2 vol.

Éléments de zoologie, par M. Gervais :
  Année préparatoire. 1 vol. 1 fr. 25.
  Première année. 1 vol. 1 fr. 25.
  Deuxième et troisième années. 1 vol. 2 fr. 50.
  Quatrième année. 1 vol.

Éléments de botanique, par M. Marchand :
  Année préparatoire. 1 vol. 1 fr. 25 c.
  Première année. 1 vol. 1 fr. 50.
  Deuxième année. 1 vol. 1 fr. 50.
  Troisième et quatrième années. 1 vol. 2 fr.

Éléments de géologie, par M. Raulin :
  Année préparatoire. 1 vol. 1 fr. 25.
  Première année 1 vol. 1 fr. 25.
  Deuxième année. 1 vol. 1 fr. 25.
  Troisième année. 1 vol. 1 fr. 50.
  Quatrième année, par MM. Marié-Davy et Sonrel. 1 vol. 1 fr. 30.

Cours élémentaire de physique, par M. Gossin :
  Première année. 1 vol. 3 fr.
  Deuxième année. 1 vol. 3 fr.
  Troisième année. 1 vol. 3 fr.
  Quatrième année. 1 vol. 3 fr.

Éléments de chimie, par MM. Dehérain et Tissandier.
  Première année. 1 vol. 1 fr. 50.
  Deuxième année. 1 vol. 2 fr. 50.
  Troisième année. 1 vol. 3 fr.
  Quatrième année. 1 vol. 2 fr. 50.

Cours de mécanique, par M. Ed. Collignon, répétiteur à l'École polytechnique :
  Troisième année, 1re partie (*Cinématique*). 1 vol. 1 fr. 50.
  Troisième année, 2e partie (*Statique*). 1 v. 2 fr. 50.
  Quatrième année (*Dynamique*). 1 vol.

Éléments de cosmographie, par M. Amédée Guillemin (3e année). 1 vol. 3 fr. 50.

Typographie Lahure, rue de Fleurus, 9, à Paris.